BIM 技术应用系列教材

Revit 建筑建模项目教程

主　编：刘　鑫　王　鑫
副主编：董　羽
参　编：马金雨　崔　逸

机械工业出版社
CHINA MACHINE PRESS

全书共三个项目。项目的难易程度由浅入深，项目的归类按照现有建筑结构的特点，分为砖混结构、框架结构和高层剪力墙结构。每个项目中包含了各自的独立任务。项目一为二层小别墅，任务包括创建标高，创建轴网，创建墙体，创建门窗，创建楼板，创建楼梯、洞口和创建屋顶。项目二为办公楼。这部分除了项目一中包含的内容外，更加细致地介绍了框架结构的建模特点以及建筑细部构造的建模方式，增加如叠层墙、女儿墙、楼梯扶手、幕墙、坡道、台阶、雨篷、百叶窗和外墙墙饰条等内容。项目三为高层住宅，重点放在介绍剪力墙的高层建筑如何建模等问题，同时强调了标准层设计的方法、楼板搭建、主体搭建、屋顶设计等有深度的内容，也介绍了如何布置家居、渲染室内环境等内容。

本书可用作建筑类专业大专院校的相关课程教材，也可作为行业的结构工程师、施工管理人员及 BIM 爱好者的参考书。

图书在版编目（CIP）数据

Revit 建筑建模项目教程／刘鑫，王鑫主编. 一北京：机械工业出版社，2017.8（2022.7 重印）

BIM 技术应用系列教材

ISBN 978 - 7 - 111 - 58108 - 6

Ⅰ.①R… Ⅱ.①刘…②王… Ⅲ.①建筑设计-计算机辅助设计-应用软件-教材 Ⅳ.①TU201.4

中国版本图书馆 CIP 数据核字（2017）第 233337 号

机械工业出版社（北京市百万庄大街 22 号 邮政编码 100037）

策划编辑：李 莉 责任编辑：李 莉

责任校对：王 欣 封面设计：鞠 杨

责任印制：常天培

北京虎彩文化传播有限公司印刷

2022 年 7 月第 1 版 第 5 次印刷

184mm × 260mm · 9.25 印张 · 228 千字

标准书号：ISBN 978 - 7 - 111 - 58108 - 6

定价：45.00 元

电话服务 网络服务

客服电话：010-88361066 机 工 官 网：www.cmpbook.com

010-88379833 机 工 官 博：weibo.com/cmp1952

010-68326294 金 书 网：www.golden-book.com

封底无防伪标均为盗版 机工教育服务网：www.cmpedu.com

前　言

Autodesk Revit 是为了建筑信息模型（Building Information Modeling，BIM）而设计的系列软件，包括建筑、结构和 MEP 三个产品，分别为不同专业提供 BIM 解决方案。

Autodesk Revit 是一款专门为建筑行业工程师提供设计与出图的强大工具，改善了工程师和绘图人员的工作方式。Autodesk Revit 可以从最大程度上减少重复性的建模和绘图工作，以及工程师、建筑师和绘图人员之间的手动协调所导致的错误。

该软件有助于减少创建最终施工图所需的时间，同时提高文档的精确度，全面改善交付给客户的项目质量。能够从单一基础数据库提供所有的明细表、图纸、二维视图与三维视图，并能够随着项目的推动自动保持设计变更的一致。任何一处变更，所有相关位置随之变更。

在 Autodesk Revit 中，所有模型信息储存在一个协同数据库中。对信息的修订与更改会自动反映到整个模型中，从而极大减少错误与疏漏。

本书按照项目教学模式，以当前常见的三种建筑结构体系（即砖混结构、框架结构和高层剪力墙结构）为例，由浅入深，详细介绍每种结构的建模方式和特点，每个项目中包含了各自的独立任务。项目一为二层小别墅，任务包括创建标高，创建轴网，创建墙体，创建门窗，创建楼板，创建楼梯、洞口和创建屋顶等。项目二为办公楼，这部分除了项目一中包含的内容外，更加细致地介绍了框架结构的建模特点以及建筑细部构造的建模方式，增加如叠层墙、女儿墙、楼梯扶手、幕墙、坡道、台阶、雨篷、百叶窗和外墙墙饰条等内容。项目三以高层剪力墙为例，重点介绍剪力墙的高层建筑如何建模等问题，同时强调了标准层设计的方法、楼板搭建、主体搭建、屋顶设计等有深度的内容，也介绍了如何布置家居、渲染室内环境等内容。

本书项目一由辽宁城市建设职业技术学院董羽和马金雨编写；项目二由辽宁城市建设职业技术学院王鑫和崔逸编写；项目三由辽宁城市建设职业技术学院刘鑫编写。

本书可作为建筑类专业大专院校的相关课程教材，也可作为行业的结构工程师、施工管理人员及 BIM 爱好者的参考书。

由于时间紧迫、作者水平有限，书中难免有疏漏之处，还请广大读者谅解并指正。

编　者

目　　录

绪 论
Revit Architecture 基础知识

概述：住宅单体设计，与其他类型的设计项目的不同在于，往往不会从建筑体块设计入手，而是以户型等模块的定义作为切入点。鉴于住宅设计的特殊性，在项目启动初期，首先需要对户型模块的限制性条件，如轴网及标高进行定制。

本章将详细讲解，在一个项目启动阶段，如何对其进行轴网、标高等限制条件的定制，并如何借助已有条件进行限制条件的快速录入。

0.1　Revit Architecture 用户界面

Revit Architecture 是一款功能强大的用于 Microsoft Windows 操作系统的 CAD 产品。其界面类似于 Windows 开发的其他产品的界面，主要有：应用程序菜单按钮、快速访问栏、选项卡、选项栏、属性面板、项目浏览器、绘图区域、视图控制栏和状态栏等（图 0-0-1）。

图　0-0-1　Revit Architecture 界面

0.1.1　快速访问栏

包括：打开文件、保存、撤销、快速注释、文字、三维视图、剖面、细线、切换窗口等。

通过快速访问栏能快速地找到需要的指令。

0.1.2 选项卡

Revit Architecture 将所有的命令分类组织成以下下拉选项卡：建筑、结构、系统、插入、注释、分析、体量和场地、协作、视图、管理、附加模块、修改。每个选项卡中有相应的选择类型（建筑—墙）。用鼠标单击按钮即可激活命令。

拖拽选项卡操纵柄，可以移动选项卡或调整选项卡的大小，可以缩小或扩大选项卡，也可以将选项卡移动至任何方位。

0.1.3 选项栏

选项栏位于选项卡下方、绘图区的上方。其内容根据当前命令或选定图元的变化而变化，从中可以选择子命令或设置相关参数。

0.1.4 属性面板

当选择一个命令时，属性面板会变化成相应的编辑面板，如图0－0－2所示，选择不同的功能命令时，类型选择器会显示不同的内容，单击下拉表中可以选择需要的构建类型。在属性对话框的编辑类型中，可编辑图元的实例参数和类型参数，或创建新的图元类型。在关联选项卡中可以对编辑好的图元进行修改。

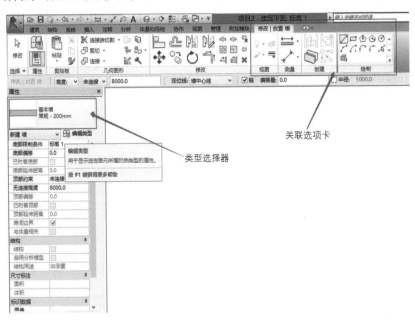

图　0－0－2

0.1.5 项目浏览器

Revit Architecture 把所有的楼层平面、天花板平面、三维视图、立面、剖面、面积平面、图例、明细表、图纸、以及透视图和渲染图像全部分门别类放在项目浏览器中统一管理。双击视图名称即可打开视图；选择视图名称单击鼠标右键即可找到复制、重命名、删除等常用命令。

0.1.6 绘图区域

绘图区域即绘制区，转动鼠标滚轮可以放大或缩小绘图区域，选定一个区域按住鼠标左键可以进行拖动。

0.1.7 视图控制栏

单击绘图区域左下角的视图控制栏中的按钮，即可设置视图的比例、详细程度、模型图形样式、设置阴影、渲染对话框、裁剪区域、隐藏/隔离图元。

0.1.8 状态栏

状态栏位于 Revit Architecture 界面的左下角。使用某一命令时，状态栏会提供有关要执行的操作提示。高亮显示图元或构件时，状态栏会显示族和类型名称。

0.1.9 右键菜单

选择图元或在视图的空白处单击鼠标右键，可以找到相关的命令及删除、缩放、最近使用等一些常用命令。

0.2 新建、保存项目

在 Revit Architecture（以下简称 Revit）中，项目是整个建筑物设计的联合文件。建筑的所有的标准视图、建筑设计图以及明细表都包含在项目文件中。只要修改模型，所有相关视图、施工图和明细表都会随之自动更新。所以创建新的项目是开始设计的第一步。

0.2.1 新建项目

首先启动 Revit — 单击"新建"— 点下拉键选择"建筑样板"— 单击"确定"，如图 0 -0 -3 所示。

图 0 - 0 - 3

0.2.2　项目保存

单击"应用程序菜单"按钮— 选择"保存（或另存为）"— 选择"项目"—选择"保存路径"— 单击"确定"。过程图如图 0-0-4 所示。

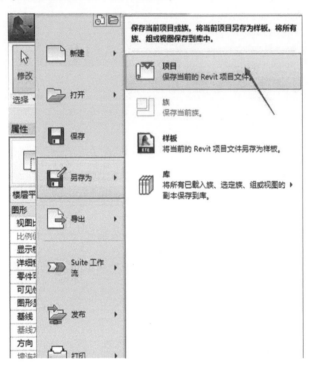

图　0-0-4

Revit建筑建模项目教程
Revit jian zhu jian mo xiang mu jiao cheng

项目一　二层小别墅

01

任务1

创建标高

视频：创建标高

在 Revit 中，"标高"命令必须在立面视图和剖面视图中才能使用，因此在开始设计项目前，必须先打开一个立面视图。

在项目浏览器中展开"立面（建筑立面）"项，如图 1-1-1 所示。双击视图名称进入视图，例如，"东立面图"，如图 1-1-2 所示。

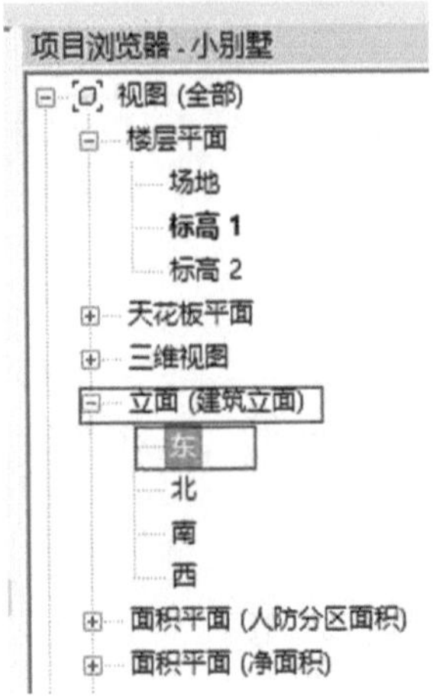

以图 1-1-2 所示图纸为例，开始创建标高。

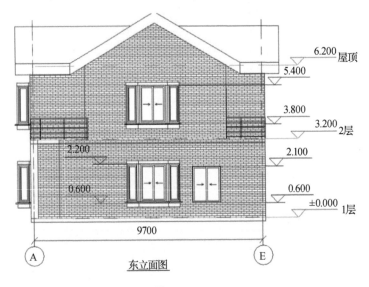

东立面图

图　1-1-2

图　1-1-1

一般在未创建模型前，绘图界面会显示如图 1-1-3 所示标高。

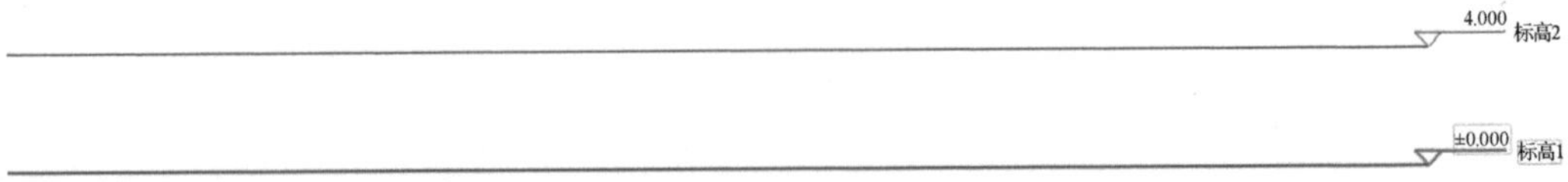

4.000 标高2

±0.000 标高1

图　1-1-3

系统一开始默认有两条标高，然后单击"建筑选项卡"中"基准面板"的"标高"。如图1-1-4所示开始创建图纸中的标高。

会出现"修改｜放置标高"面板，再将鼠标指针移动到"绘制"区域，如图1-1-5所示。

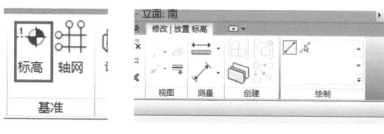

图　1-1-4　　　　　　　　　　图　1-1-5

设置标高的偏移量，并且勾选"创建平面视图"，如图1-1-6所示。

修改｜放置 标高	☑ 创建平面视图	平面视图类型...	偏移量: 0.0

图　1-1-6

鼠标指针移动到已有的标高附近会高亮显示将要绘制的标高是否对齐，对齐后可以直接输入层高值3000mm，如图1-1-7所示。也可以先绘制标高后调整其高度为3m，如图1-1-8所示。

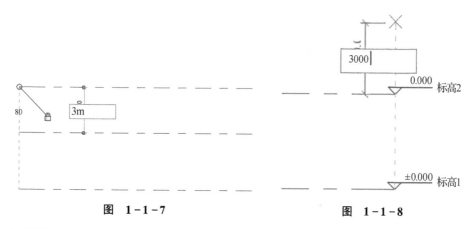

图　1-1-7　　　　　　　　　　图　1-1-8

若绘制的标高与图纸不符时，可以选择修改标高名称和高程，如图1-1-9所示。

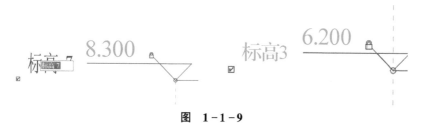

图　1-1-9

将所有的标高作出后，开始修改标高的属性。单击"属性面板"中的"编辑类型"，如图1-1-10所示。

单击"颜色属性"，将黑色改为红色，如图1-1-11所示。

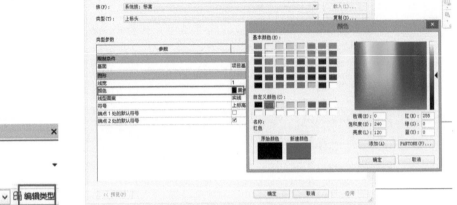

图　1-1-10　　　　　　　　　　　图　1-1-11

单击"线型图案"将实线改为"三分段划线"，如图1-1-12所示。

图　1-1-12

然后勾选"端点1处的默认符号"，标高修改完后，如图1-1-13所示。

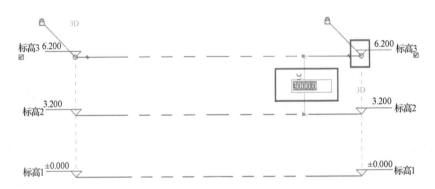

图　1-1-13

下面开始编辑标高。

选择任意一根标高线，会显示临时尺寸、一些控制符号和复选框，如图1-1-14所示。可以编辑其尺寸值，单击并拖曳控制符号可整体或单独调整标高标头位置，控制标头隐藏或显示及标头偏移等操作。读者可自己练习并体会其作用。

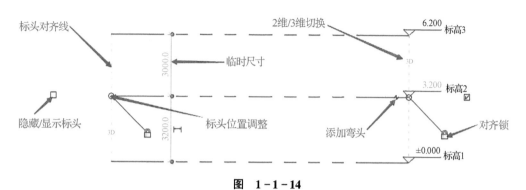

图 1-1-14

任务2
创建轴网

视频：创建轴网

在 Revit 中，轴网的创建在楼层平面中进行。点选"建筑"选项卡中"基准"面板里的"轴网"命令。再双击鼠标选择楼层平面的标高 1，如图 1-2-1 所示。

图　1-2-1

开始创建轴网，如图 1-2-2 所示。

— - —　　　　　　　　　　　　　　　— - —①

图　1-2-2

发现创建完的轴网与要求不相符，需要进行一些修改。单击"轴网"命令后，选择"属性"面板中的"编辑类型"，对轴网的属性做一些修改，如图 1-2-3 所示。

修改内容如图 1-2-4 所示：① 轴线中段为"连续"；② 轴网末端颜色为"红色"；③ 勾选"平面视图轴号端点 1"。修改完后"属性面板"如图 1-2-5 所示。

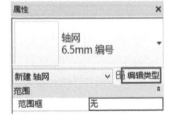

图　1-2-3

类型属性	
族(F):	系统族: 轴网
类型(T):	6.5mm 编号

类型参数

参数	值
图形	
符号	符号_单圈轴号:宽度系数 0.65
轴线中段	无
轴线末段宽度	1
轴线末段颜色	■黑色
轴线末段填充图案	轴网线
轴线末段长度	25.0
平面视图轴号端点 1 (默认)	☐
平面视图轴号端点 2 (默认)	☑
非平面视图符号(默认)	顶

图　1-2-4

图 1-2-5

此时"绘图面板"中显示的修改后的轴网如图 1-2-6 所示。

图 1-2-6

开始依据图纸（图 1-2-7）创建完整的轴网。

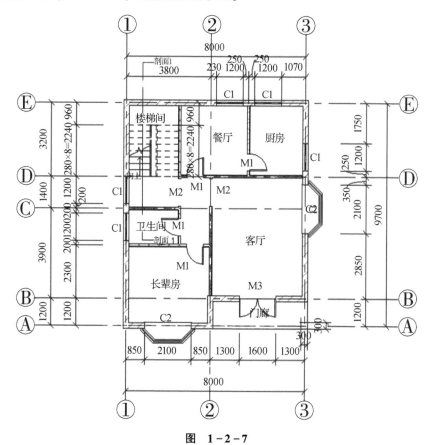

图 1-2-7

单击"轴网"命令后，面板会显示自动对齐轴网的放置位置，自动显示临时尺寸标注，如图 1-2-8 所示。

当临时尺寸标注显示的数字与轴网 1 与轴网 2 的距离相同时,可直接创建第二个轴网,或直接输入轴网的距离 3800mm,如图 1-2-9 所示。

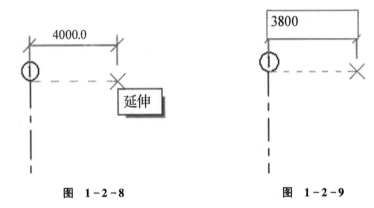

图　1-2-8　　　　　　　　图　1-2-9

以此类推创建剩下的纵向轴网,如图 1-2-10 所示。

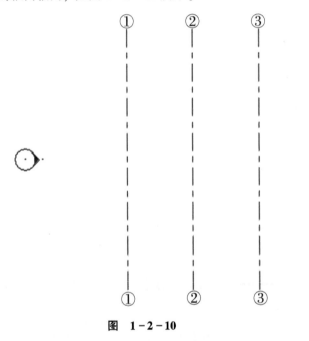

图　1-2-10

下面开始建立横向轴网。与纵向轴网不同的是,横向轴网的编号一般以大写的英文字母表示。而绘图时编号默认为数字,需要修改轴网的编号,绘图时只需修改一个轴网的编号,随后的轴网将会按字母顺序依次排列。

我们来创建一个横向的轴网,然后把轴网的编号改为 "A",如图 1-2-11 所示。

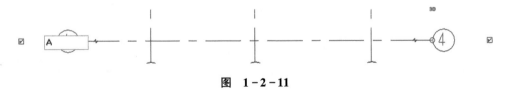

图　1-2-11

按照以上操作,按图纸的要求建立起图纸中的所有轴网。如图 1-2-12 所示为建立好的轴网。

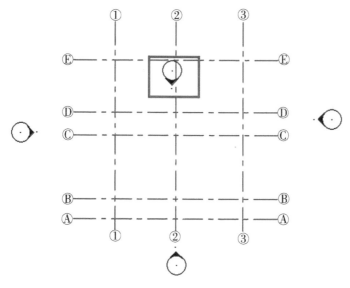

图　1-2-12

在楼层平面视图中我们可以注意到，在轴网的上下左右有四个图标，如图1-2-13所示。这四个图标表示东、南、西、北四个位置，在 Revit 中，是通过某个位置的图标来生成相应的立面图的，没有图标则不能生成立面图。图标若是在轴网的内部将会造成其对应的立面的视图不完全的情况，可通过单击图标将图标拖曳到适当的位置来解决视图不全的问题。

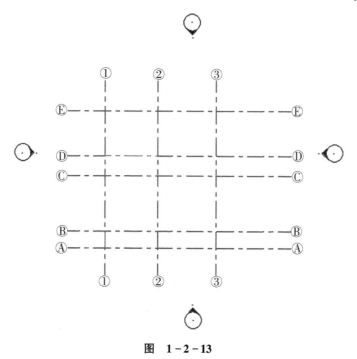

图　1-2-13

任务3 / 创建墙体

视频：创建外墙　　视频：创建内墙

3.1 编辑墙体

建立墙体的基础是要确定墙体的组成并按照要求将其创建出来。我们以外墙为例，在"建筑"选项卡"构建"面板中单击"墙"命令，如图1-3-1所示。

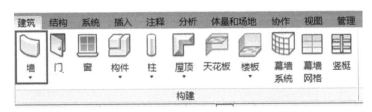

图 1-3-1

然后系统自动切换到"修改│放置墙"选项卡，如图1-3-2所示。

图 1-3-2

单击"属性"面板中的"编辑类型"进入基本墙的组成选择与属性设置，如图1-3-3所示。

复制墙体，并且重命名为所需要的名称，如图1-3-4所示。这样做的好处是保留了系统自带墙，在之后的建模中可以继续按照系统自带墙进行新墙体的生成。

图 1-3-3

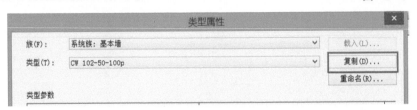

图 1-3-4

为要编辑的墙体命名"别墅外墙"，如图1-3-5所示。

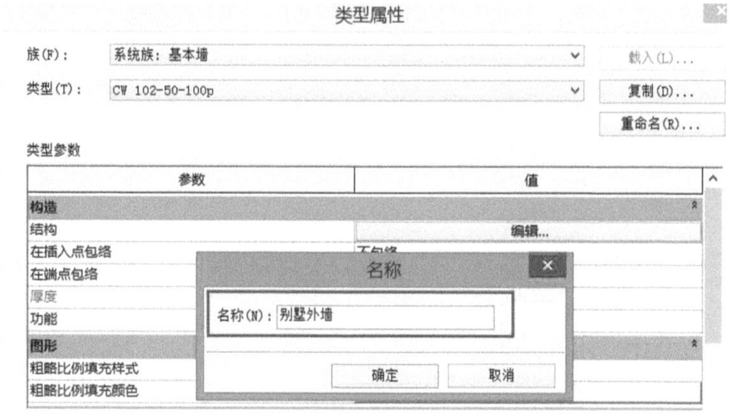

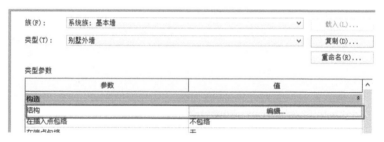

图 1-3-5

复制好墙体之后，单击"构造"栏中的"结构—编辑"进入墙体的编辑选项，如图1-3-6所示。

图 1-3-6

进入"编辑部件"选项卡中，如图1-3-7所示。

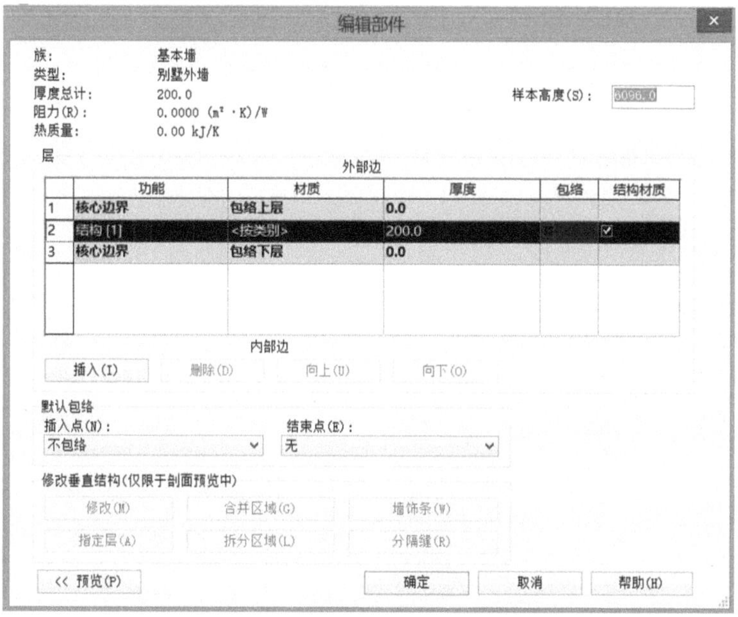

图 1-3-7

将鼠标的光标移动到最左侧的数字附近，光标会自动变成实心的箭头，单击鼠标左键。单击下方的"插入"按钮，会生成新的结构面层，如图1-3-8所示。

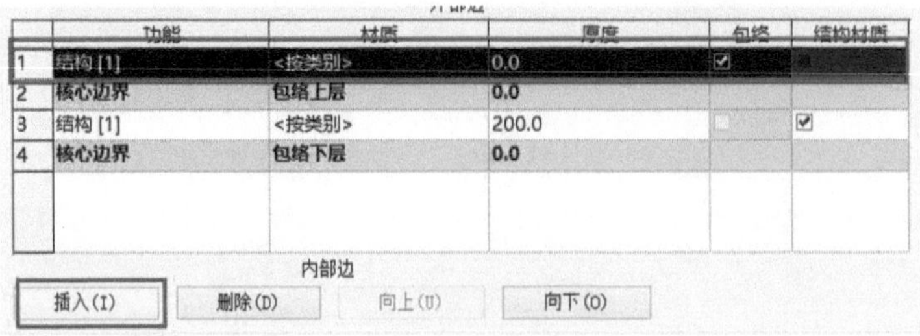

	功能	材质	厚度	包络	结构材质
1	结构 [1]	<按类别>	0.0	☑	
2	核心边界	包络上层	0.0		
3	结构 [1]	<按类别>	200.0		☑
4	核心边界	包络下层	0.0		

内部边

插入(I)	删除(D)	向上(U)	向下(O)

图 1-3-8

按照图纸中墙体结构的要求插入相应的功能层。若当前结构面层被选中时，会呈现内部填充为黑色。可用"向上""向下"的命令来选中不同的结构面层，如图1-3-9所示。

	功能	材质	厚度	
1	结构 [1]	<按类别>	0.0	☑
2	核心边界	包络上层	0.0	
3	结构 [1]	<按类别>	200.0	
4	核心边界	包络下层	0.0	
5	结构 [1]	<按类别>	0.0	☑

内部边

插入(I)	删除(D)	向上(U)	向下(O)

图 1-3-9

单击"功能"选项的"结构 [1]"修改面层基于墙的功能。选择"功能"为"面层1 [4]"，如图1-3-10所示。

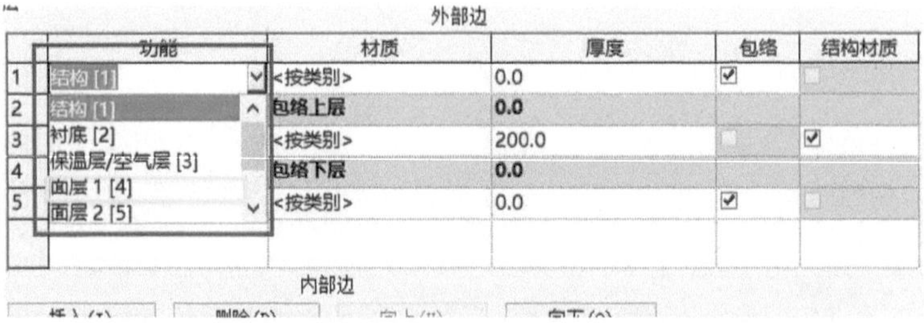

外部边

	功能	材质	厚度	包络	结构材质
1	结构 [1]	<按类别>	0.0	☑	
2	结构 [1]	包络上层	0.0		
3	衬底 [2]	<按类别>	200.0		☑
4	保温层/空气层 [3]	包络下层	0.0		
5	面层 1 [4]	<按类别>	0.0	☑	
	面层 2 [5]				

内部边

图 1-3-10

然后修改"面层1 [4]"的材质与厚度，单击"<按类别>"的后方隐藏键，如图1-3-11所示。

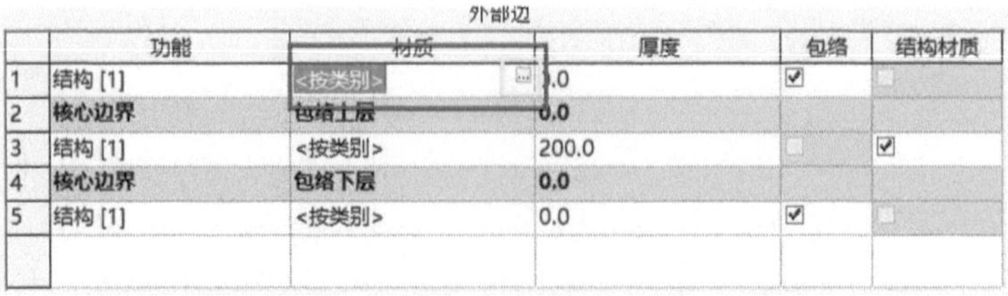

外部边

	功能	材质	厚度	包络	结构材质
1	结构 [1]	<按类别>	0.0	☑	
2	核心边界	包络上层	0.0		
3	结构 [1]	<按类别>	200.0		☑
4	核心边界	包络下层	0.0		
5	结构 [1]	<按类别>	0.0	☑	

图 1-3-11

单击隐藏键后，将弹出如图 1 - 3 - 12 所示的窗口，搜索需要的材料，例如，外墙面砖、现浇混凝土、水泥砂浆等材料。

图 1 - 3 - 12

本例中二层别墅外墙厚度为 240mm。单击该材料的"厚度"区域，修改为所需要的厚度，图 1 - 3 - 13 所示。单击"确定"按钮外墙体编辑完成。

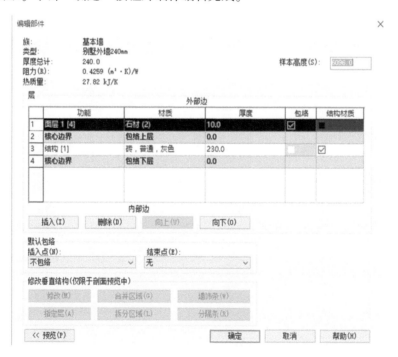

图 1 - 3 - 13

采用相同方法编辑别墅内墙，墙体厚度为100mm，如图1-3-14所示。

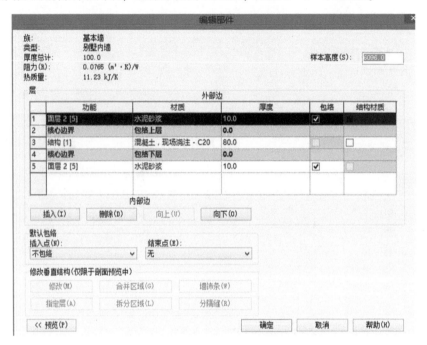

图　1-3-14

3.2　绘制墙体

在绘制墙体前，先学习定位线的概念。定位线是指以该线为参照线，确定其他线面的位置的线。定位线分为："墙中心线""核心层中心线""面层面：外部""面层面：内部""核心面外部""核心面内部"，如图1-3-15所示。

以"墙中心线"为定位线绘制：是指以整个墙厚度的一半为基准线绘制墙体。

以"核心层中心线"为定位线绘制：是指以"结构 [1]"厚度的中线为墙的基准线，进行绘制。

以"面层面：外部"为定位线绘制：是指以墙体最外侧的面层为基准线，绘制墙体。

以"面层面：内部"为定位线绘制：是指以墙体最内侧的面层为基准线，绘制墙体。

以"核心面内部"为定位线绘制：是指以"结构 [1]"的内侧为基准线，绘制墙体。

以"核心面外部"为定位线绘制：是指以"结构 [1]"的外侧为基准线，绘制墙体。

图　1-3-15

"墙中心线"，如图 1 - 3 - 16 所示红线。

"面层面：内部"，如图 1 - 3 - 17 所示红线。

"核心面外部"，如图 1 - 3 - 18 所示红线。

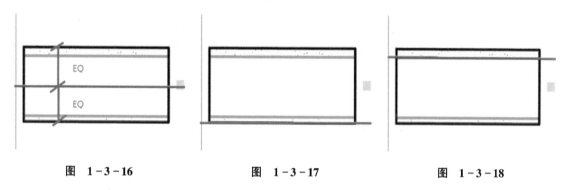

图　1 - 3 - 16　　　　　　图　1 - 3 - 17　　　　　　图　1 - 3 - 18

理解了定位线的概念后，就可以根据定位线来绘制墙体。首先按照图纸（图 1 - 2 - 7）的要求在标高 1 的轴网上绘制一层的墙体，单击"建筑"—选择"墙体"（选择建筑墙体）—单击下拉键选择创建好的外墙—开始绘制。

同上述步骤绘制内墙，绘制好的一层墙体图纸如图 1 - 3 - 19 所示。

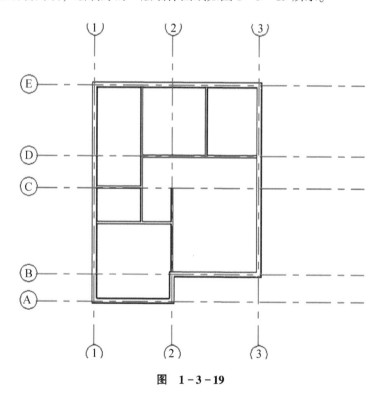

图　1 - 3 - 19

墙体创建完成后，修改其墙体高度。以外墙为例，选中全部外墙，修改其高度为"底部约束标高 1""顶部约束标高 2"，如图 1 - 3 - 20 所示。

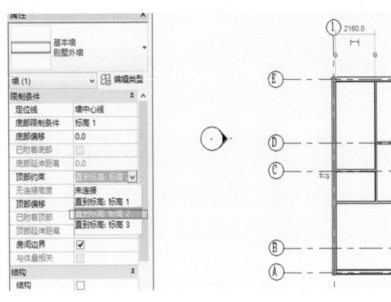

图　1-3-20

一层绘制后，绘制二层墙体。单击"标高2"进入二层墙体绘图界面，如图1-3-21所示。

图　1-3-21

步骤与一层相同，开始绘制，绘制好的二层墙体如图1-3-22所示。

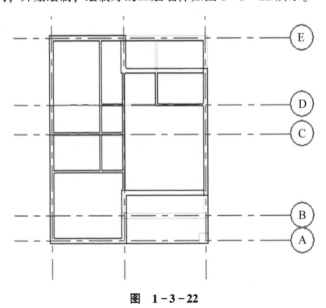

图　1-3-22

下面从三维视图中来观察绘制好的墙体，单击快速访问栏中的"三维视图"命令，查看当前模型，如图1-3-23所示。

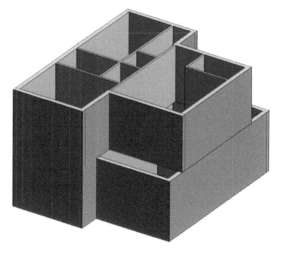

图　1-3-23

三维视图的显示精细程度可根据视觉样式进行调整，如图1-3-24所示。

图　1-3-24

任务4

创建门、窗

本节任务首先要来学习 Revit 中关于族的概念。

Revit 族是某一类别中图元的类，是根据参数（属性）集的共用、使用上的相同和图形表示的相似来对图元进行分组。一个族中不同图元的部分或全部属性可能有不同的值，但属性的设置是相同的。Revit 中所有的图元都是基于族的。族的功能强大，用户可以通过族来创建参数化控制的构件，创作符合用户自己需要的注释符号和三维构件。Revit 中的族分为三类：系统族、可载入族和内建族。本节任务将主要学习系统族。

4.1 创建门

Revit 中为用户准备了一些门的类型，可以载入到项目中，或者用户可通过"族"自行建立所需要的门类型。这里采用已有的门类型载入到项目中来创立门 M1。单击"建筑"选项卡中"构建"面板中的"门"命令，然后单击"属性"面板中的"编辑类型"，单击"载入"，如图1-4-1所示。

图 1-4-1

单击"载入"后弹出如图1-4-2所示对话框。选择"建筑"—"门"—"普通门"文件，根据要求选择相应的门类型。

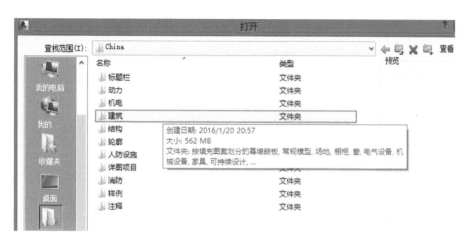

图　1-4-2

复制并命名为 M1，按照图纸要求修改门的高度和宽度，高度为 750mm，宽度为 2000mm，如图 1-4-3 所示。修改完成后单击"确定"即成功创建了门 M1。

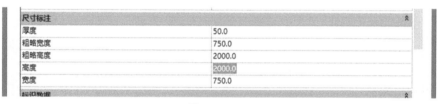

图　1-4-3

下面开始放置门 M1。按照图纸所示门的位置，单击门所在墙的位置，如图 1-4-4 所示。

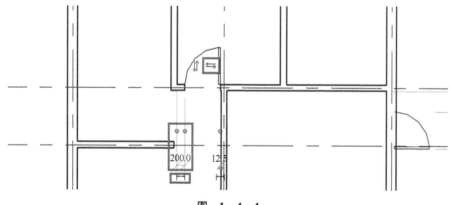

图　1-4-4

放置门时注意掌握以下技巧：

（1）方向相对的两组箭头，可控制门的朝向。或单击门后，按空格键来控制门的朝向。

（2）数字显示的是当前门与墙面的距离，双击数字可修改距离。拖动蓝点可调整尺寸标注的位置。

（3）单击尺寸标注的图标，临时尺寸标注可改为永久尺寸标注。

放置完门 M1 后，继续创建门 M2。我们采用载入"族"来创建门 M2。单击"插入"选项卡，如图 1-4-5 所示。

图 1-4-5

单击"载入族",选择"建筑"文件夹,进一步选择"门"文件夹,如图1-4-6所示。

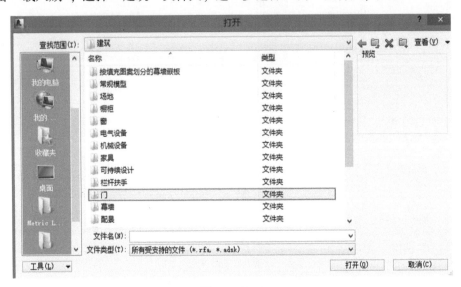

图 1-4-6

打开"门"—"普通门"—"推拉门"文件夹,选择"双扇推拉门2",单击"打开"按钮,载入到当前项目中,如图1-4-7所示。

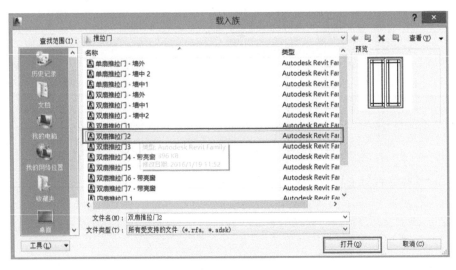

图 1-4-7

然后打开"属性"面板中的"编辑类型",复制创建门M2,并修改门的尺寸,如图1-4-8

所示。

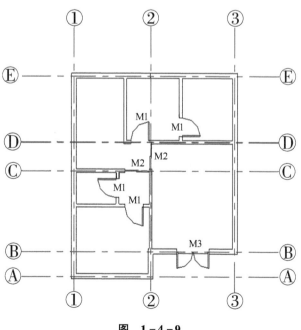

图　1-4-8

读者可采用上述方法创建并插入1200mm×2400mm（门洞）、1600mm×2100mm、300mm×2100mm类型的门。一层平面门插入完成后如图1-4-9所示。

图　1-4-9

二层平面门插入后如图1-4-10所示。

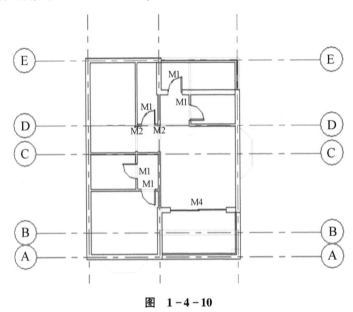

图 1-4-10

视频：创建窗

4.2 创建窗

单击"建筑"选项卡中"构建"面板中的"窗"命令，如图1-4-11所示。

单击"属性"面板中的"编辑类型"，复制创建窗C1，如图1-4-12所示。

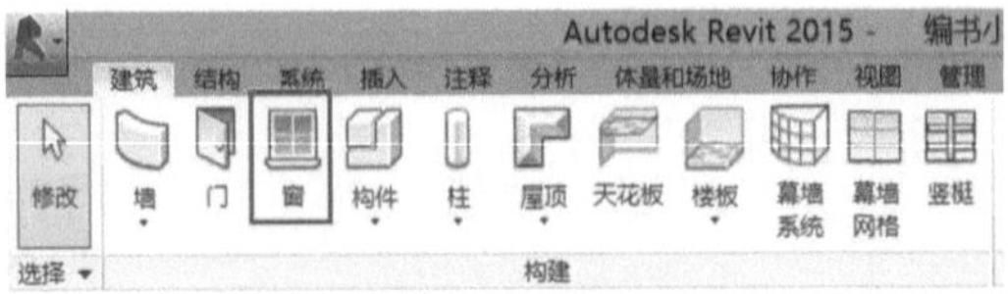

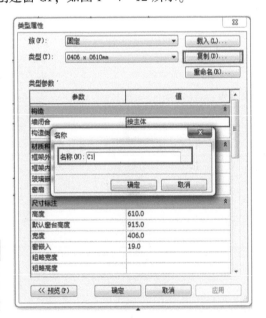

图 1-4-11

图 1-4-12

修改窗C1的"高度"为800mm，"宽度"为1200mm，"默认窗台高"为900mm，如图1-4-13所示。

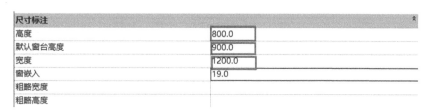

图 1-4-13

单击"插入"选项卡中的"载入族"。继续打开"普通窗"文件夹，选择"凸窗"，进一步选择"凸窗—三扇推拉—斜切"文件并载入到项目中来创建 C2，如图 1-4-14 所示。

凸窗 - 三扇固定 - 斜切	Autodesk Revit Family
凸窗 - 三扇推拉 - 斜切	Autodesk Revit Family
凸窗 - 双层两列	Autodesk Revit Family
凸窗 - 四扇 - 斜切	Autodesk Revit Family
凸窗 - 斜切	Autodesk Revit Family
转角凸窗 - 双层两列 - 斜切	Autodesk Revit Family
转角凸窗 - 双层两列 - 直角	Autodesk Revit Family

图 1-4-14

其他窗同上述步骤来创建。

创建完成后进行窗的放置，一层平面放置完成后如图 1-4-15 所示。

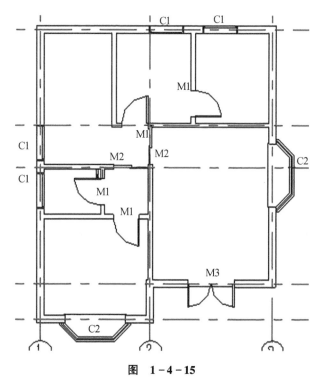

图 1-4-15

二层平面的放置方法同一层平面大致相同，不再赘述，完成图如图 1-4-16 所示。

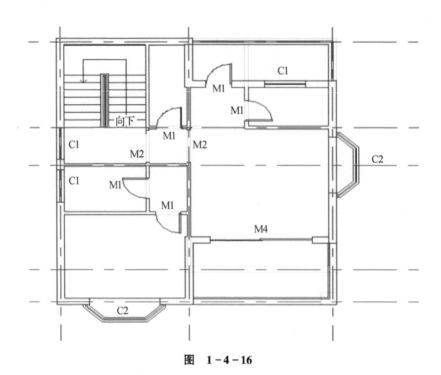

图 1-4-16

三维视图如图 1-4-17 所示。

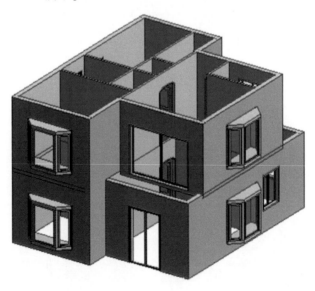

图 1-4-17

任务5
创建楼板

视频：创建楼板

单击"建筑"选项卡中"构建"面板里的"楼板"命令选择"建筑：楼板"命令，如图 1-5-1所示。

图　1-5-1

进入到"创建楼板"的界面中，如图 1-5-2 所示。

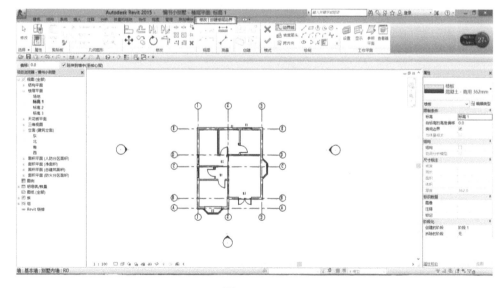

图　1-5-2

此时，之前绘制的图形呈灰色显示，进入到一个楼板编辑的界面，在退出或完成之前将无法选中和修改任意图元或构件。单击"绘制"面板中的"边界线"并选中"拾取墙"开始进行楼板的创建，如图1-5-3所示。

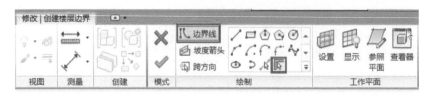

图 1-5-3

要特别说明的是：在"边界线"中有很多种创建楼板边界线的命令，可以选择"拾取墙"选中墙体后，在墙体内侧进行创建，也可选择"直线"沿着外墙内侧作图。这里我们采用"拾取墙"的方式，选择外墙并单击生成楼板边缘。

拾取墙体后按〈Tab〉键选中全部的外墙，使其形成闭合回路，如图1-5-4所示。

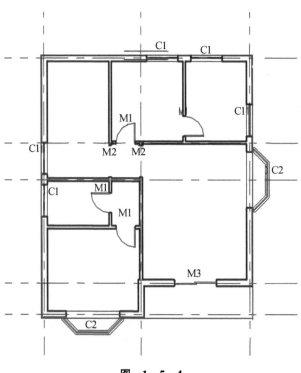

图 1-5-4

单击"模式"面板中的"完成"，即创建完成楼板，如图1-5-5所示。

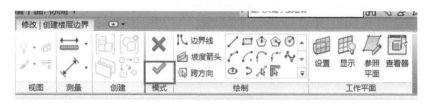

图 1-5-5

在平面图中观察楼板不明显，进入三维视图查看创建的楼板，如图 1-5-6 所示。

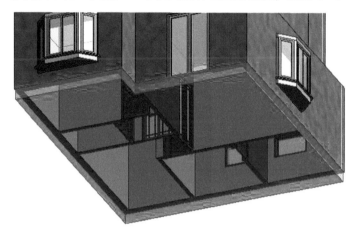

图　1-5-6

下面我们开始对楼板的属性进行修改。在"属性"面板中能显示当前楼板的类型，单击"类型框"可任意修改楼板的"类型属性"。

可选择当前项目样板中，现有的楼板类型，也可自己创建一个楼板的构造。单击"属性"面板中的"编辑类型"。复制当前的楼板，并重命名为"别墅楼板"，如图 1-5-7 所示。

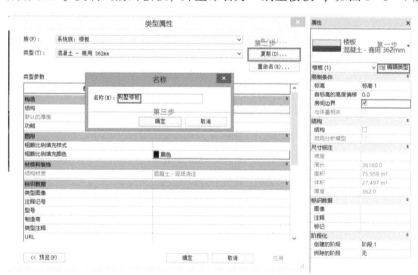

图　1-5-7

可编辑楼板的厚度为 150mm 和材质为现场浇筑混凝土，如图 1-5-8 所示。

	功能	材质	厚度	包络	结构材质	可变
1	核心边界	包络上层	0.0			
2	结构 [1]	混凝土 - 现场浇注	150.0		☑	☐
3	核心边界	包络下层	0.0			

图　1-5-8

单击"确定"完成楼板构造的修改。所创建的楼板为一层楼板，其标高为 0.0。在"属性"面板中可改变楼板的标高,如图1-5-9所示。修改图1-5-9中的"标高"与"自标高的高度偏移"即可修改楼板的高度。

图　1-5-9

读者可采用与一层楼板的创建完全一致的方法,创建二层楼板。

任务6

创建楼梯、洞口

视频：创建楼梯

6.1　创建楼梯

单击"建筑"选项卡中"楼梯坡道"面板中的"楼梯"，选择"楼梯（按草图）"，如图1-6-1所示。

图　1-6-1

进入楼梯编辑模式。与楼板编辑界面相似，进入楼梯编辑的界面后，对于已绘制好的图元与构建既不能选中也不能修改，如图1-6-2所示。

图　1-6-2

首先修改楼梯的属性。在"属性"面板中修改楼梯的宽度为1100mm，将楼梯的类型改为

"整体浇筑楼梯",如图1-6-3所示。

图　1-6-3

单击"属性"面板中的"编辑类型",修改"最小踏板深度"为300mm,"最大踢面高度"为300mm,如图1-6-4所示。

图　1-6-4

单击"确定"后开始绘制楼梯。在"修改|创建楼梯草图"的工作平面面板中选择"参照平面",做几条绘制楼梯的辅助线。参照平面对于项目的整体没有任何显示,只是参照的线,如图1-6-5所示。

图　1-6-5

在楼梯间绘制一条水平的线段,然后继续绘制两条垂直的线段,如图1-6-6所示。

选择上面的垂直线段，进行距离的修改。单击这条参照线，会显示临时尺寸标注。单击尺寸标注的圆钮可更改范围，双击数字可修改距离，将距离改为550mm，如图1-6-7所示。

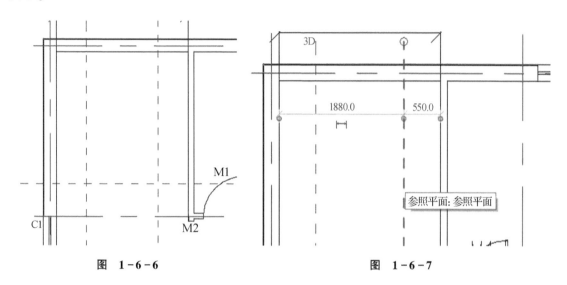

图　1-6-6　　　　　　　　　　　　　　　　图　1-6-7

然后单击"修改｜创建楼梯草图"中的绘制面板，选择"梯段"，选择"直线"命令，开始绘制楼梯。单击交点2，旁边会有灰色的字提示已经画了几级台阶，如图1-6-8所示。

下方创建6个台阶后，在上方也创建6个台阶。按照顺时针（或逆时针）方向连续绘制，如图1-6-9所示。

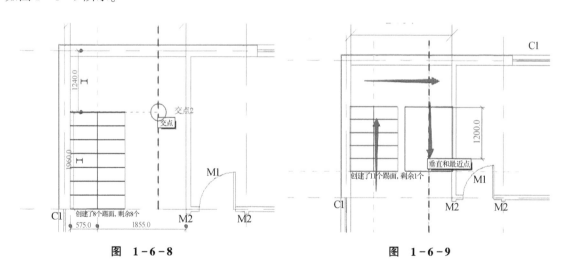

图　1-6-8　　　　　　　　　　　　　　　　图　1-6-9

开始对楼梯边界进行调整。将靠近窗C1一侧的线段拖动到外墙的内侧。即缓步台的边界修改完成，如图1-6-10所示。

单击"模式"面板的"完成"按钮，楼梯创建成功。然后选中楼梯最外层的扶手，删除，如图1-6-11所示。

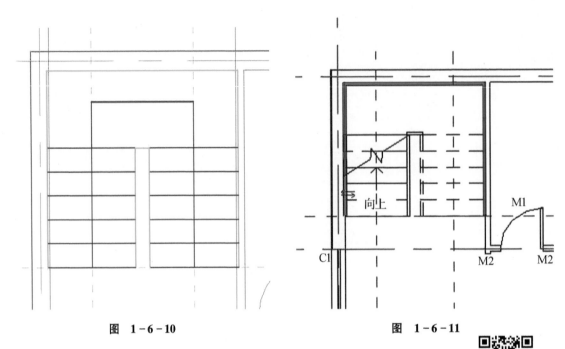

图 1-6-10   图 1-6-11

6.2 创建洞口

单击"建筑"选项卡"洞口"面板的"竖井"命令开始创建洞口，如图 1-6-12 所示。

图 1-6-12

进入创建竖井绘图界面中。单击绘制面板中"边界线"的"直线"命令，在楼梯的周围开始绘制与楼梯形状一致的矩形，如图 1-6-13 所示。

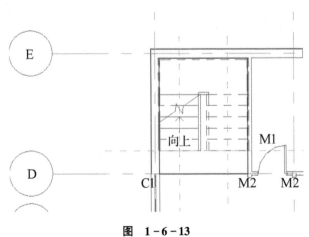

图 1-6-13

　　然后修改"属性"面板中竖井的限制条件。将底部偏移改为 0，将顶部约束改为标高 2，如图 1 - 6 - 14 所示。

　　单击"模式"面板中的"完成"按钮，洞口创建成功。在三维模式下查看，如图 1 - 6 - 15 所示。

图　1 - 6 - 14　　　　　　　　　　　图　1 - 6 - 15

任务7
创建屋顶

视频：创建屋顶

在"建筑"选项卡"构建"面板中单击"屋顶"并选择"迹线屋顶"。将楼层平面改为标高3，开始创建屋顶，如图1-7-1所示。

图　1-7-1

按照要求调整屋顶的坡度和所在平面高度，并添加悬挑的长度。在"编辑类型"中修改屋顶材质和厚度（与楼板相同），如图1-7-2所示。

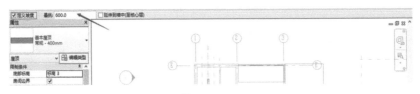

图　1-7-2

选择"拾取墙"这个命令，选择墙按〈Tab〉键选中全部墙体，单击左键绘制闭合轮廓线，完成后如图1-7-3所示。

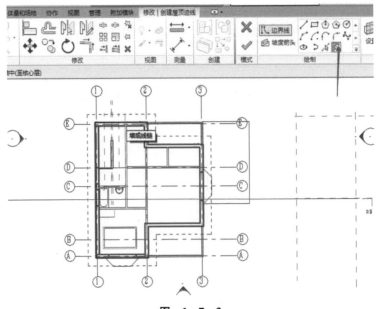

图　1-7-3

按照屋顶形状添加定义坡度，单击完成，如图1-7-4所示。

我们切换到三维视图中去观察，发现部分墙和屋顶没有闭合，如图1-7-5所示。则点中没有闭合的外墙，进入"修改|墙"命令，点选"附着 顶部/底部"命令，再点中屋顶，即可将墙体附着于屋顶底部。切换到三维视图，小别墅模型如图1-7-6所示。

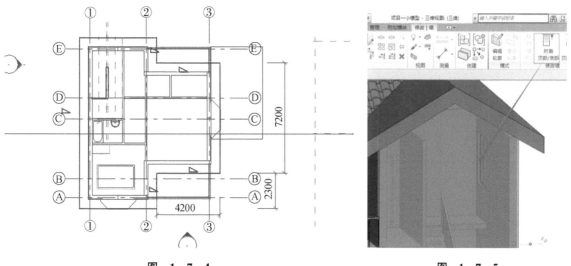

图　1-7-4　　　　　　　　　　　　　　　　　图　1-7-5

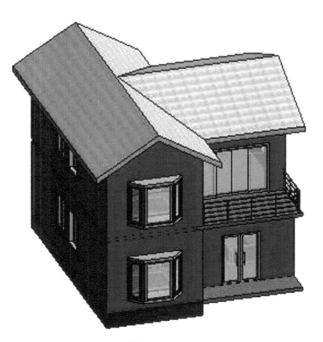

图　1-7-6

Revit建筑建模项目教程
Revit jian zhu jian mo xiang mu jiao cheng

项目二 办公楼

02

任务 1

创建标高

选择"建筑"选项卡中"基准"面板的"标高"命令,任意打开一个立面图,根据图纸进行标高的绘制。

在绘制标高的同时修改标高的属性,如图 2 - 1 - 1 所示。

女儿墙 15.600　　　　　　　　　　　　　　　　　　　　　　15.600 女儿墙
屋顶 15.000　　　　　　　　　　　　　　　　　　　　　　15.000 屋顶

标高4 10.800　　　　　　　　　　　　　　　　　　　　　10.800 标高4

标高3 7.500　　　　　　　　　　　　　　　　　　　　　　7.500 标高3

标高2 4.200　　　　　　　　　　　　　　　　　　　　　　4.200 标高2

标高1 ±0.000　　　　　　　　　　　　　　　　　　　　　±0.000 标高1

图　2 - 1 - 1

任务 2

创建轴网

打开"楼层平面标高1",进行轴网的绘制,如图 2-2-1 所示。

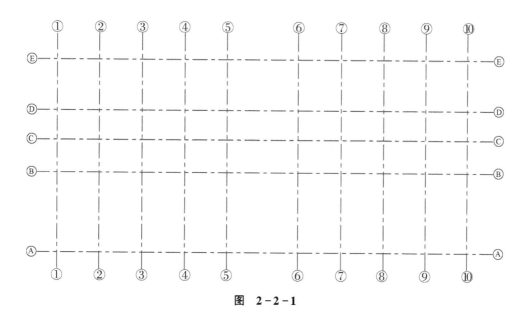

图 2-2-1

任务3

创建外墙材质

选择"建筑"选项卡"构建"面板中的"墙"命令。单击"属性"面板中的"编辑类型"选项后，进行外墙的创建。

首先复制创建"办公楼外墙"，如图2-3-1所示。

类型属性	
系统族：基本墙	∨
办公楼外墙	∨

图 2-3-1

开始编辑墙的结构，如图2-3-2所示。

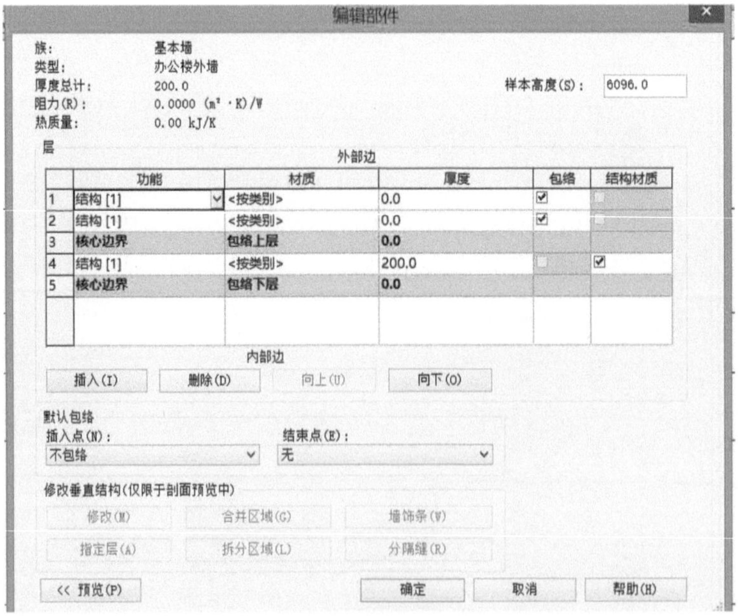

图 2-3-2

如果"材质浏览器"中没有所需的材料，可单击"材质库"，创建所需的材料，具体步骤如下：

1. 先创建一个材料，如图2-3-3所示。

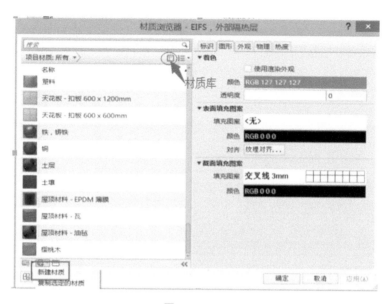

图　2-3-3

2. 创建新材质后将名称修改为所需要的材料名称，如图2-3-4所示。
3. 打开位于下方的"材质库"，开始替换所需材料，如图2-3-5所示。

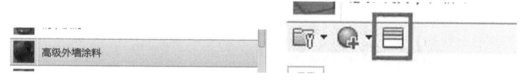

图　2-3-4　　　　　　　　　　　　　　　图　2-3-5

4. 出现"材质库"，根据所需要材料的分类或搜索材料名称，找到材料，如图2-3-6所示。

图　2-3-6

5. 找到材料后，单击后面的"替换"，将材料的属性添加到刚刚复制创建的材料中，如图 2-3-7所示。

图 2-3-7

6. 关闭"材质库"，查看新建的材料属性，如图 2-3-8 所示。

7. 如果想让模型的外观更加的真实，可以勾选"使用外观渲染"，如图2-3-9所示。

图 2-3-8　　　　　　　　　　图 2-3-9

根据以上步骤，开始创建外墙的所有材质，如图2-3-10所示。

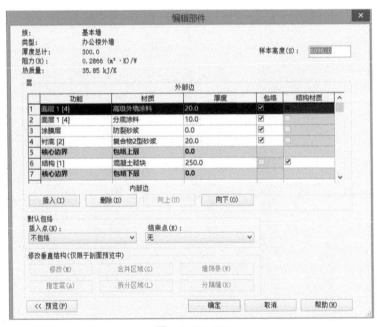

图 2-3-10

任务 4

创建叠层墙

叠层墙是指由两种或多种墙体组合而成的墙。

在"建筑"选项卡的"构建"面板中选择"墙"命令，然后在"属性"面板中选择"叠层墙"，如图2-4-1所示。

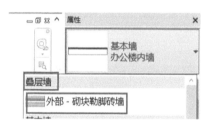

图 2-4-1

复制创建"别墅一层叠层墙"，如图2-4-2所示。

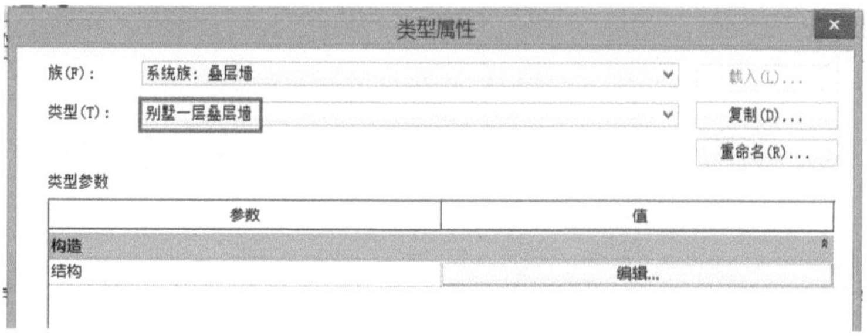

图 2-4-2

开始编辑叠层墙的组成，打开"构造"后面的"编辑"选项，开始创建叠层墙，如图2-4-3所示。

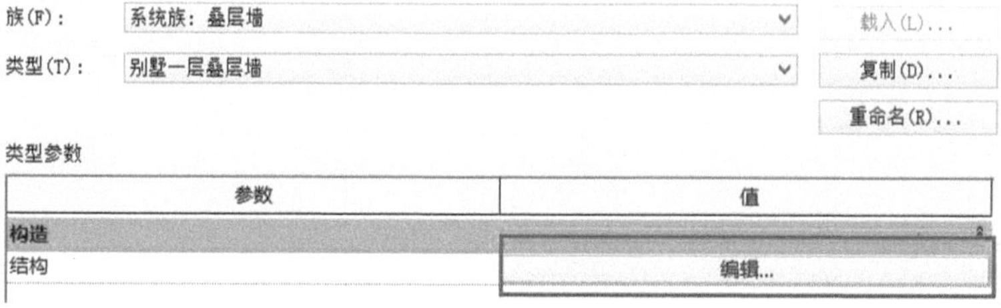

图 2-4-3

修改墙体，如图2-4-4所示。

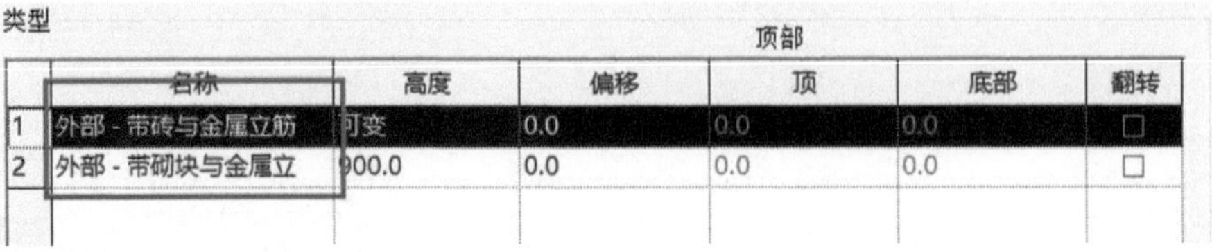

	名称	高度	偏移	顶	底部	翻转
1	外部 - 带砖与金属立筋	可变	0.0	0.0	0.0	☐
2	外部 - 带砌块与金属立	900.0	0.0	0.0	0.0	☐

（类型，顶部）

图　2-4-4

单击"墙体名称"选择需要的墙体，如图2-4-5所示。

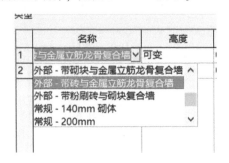

图　2-4-5

选择好之后修改各自墙体的高度，如图2-4-6所示。

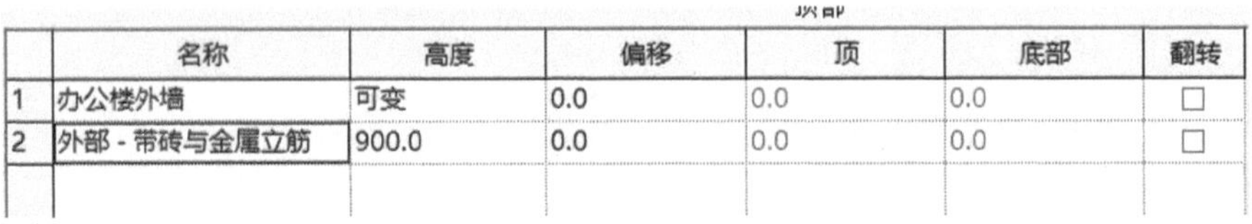

	名称	高度	偏移	顶	底部	翻转
1	办公楼外墙	可变	0.0	0.0	0.0	☐
2	外部 - 带砖与金属立筋	900.0	0.0	0.0	0.0	☐

（顶部）

图　2-4-6

若叠层墙的组合有更多种样式的话，可以插入墙体，如图2-4-7所示。

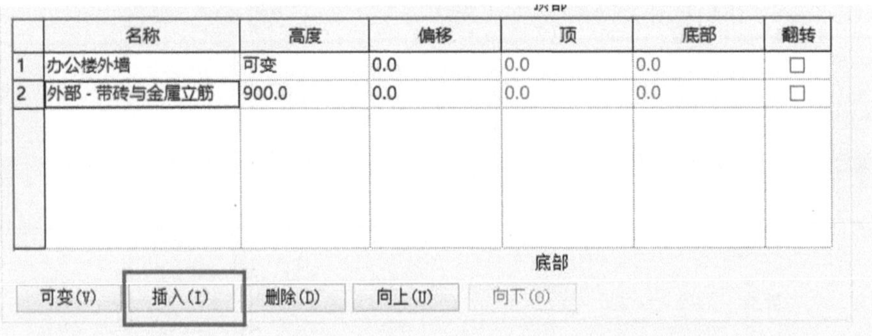

	名称	高度	偏移	顶	底部	翻转
1	办公楼外墙	可变	0.0	0.0	0.0	☐
2	外部 - 带砖与金属立筋	900.0	0.0	0.0	0.0	☐

（顶部）

（底部）

| 可变(V) | 插入(I) | 删除(D) | 向上(U) | 向下(O) |

图　2-4-7

创建之后开始绘制一层的外墙，如图2-4-8所示。

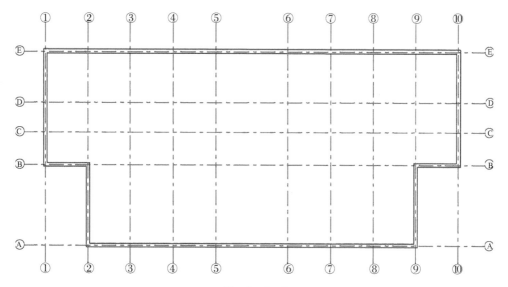

图 2-4-8

单击绘图区域左下角的"详细程度"图标，有三个图标："粗略""中等""精细"。选择详细程度可改变面层的显示。在粗略状态显示下的墙体，没有显示出墙体的颜色与面层。选择"视觉样式"可以选择墙体的颜色，如图2-4-9所示。

图 2-4-9

修改之后可变为如图2-4-10显示。

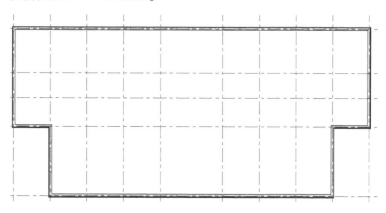

图 2-4-10

要是想修改面层线条的粗细可选择"细线"命令。功能图标如图2-4-11所示。选择后墙体将变为细线模式，如图2-4-12所示。

下面我们开始创建二楼的墙体。创建完成后如图2-4-13所示。

创建标高3、标高4的墙体。因为本项目中标高2到标高4的外墙布置都一样，可以采用复制命令来快速的绘制外墙。

图 2-4-11

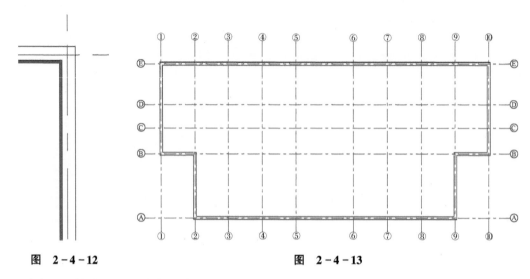

图　2-4-12　　　　　　　　　　　　　　　　图　2-4-13

　　首先选择外墙，然后单击"修改"选项卡"剪贴板"中的"复制"图标，将所选外墙复制到剪贴板，如图2-4-14所示。

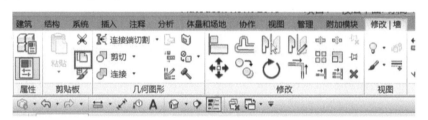

图　2-4-14

　　然后单击"粘贴"命令中的"与选定标高对齐"，如图2-4-15所示。
　　复制创建完成所有外墙，如图2-4-16所示。

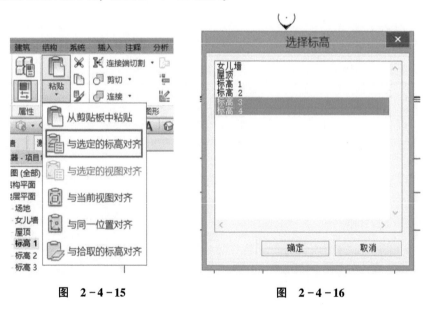

图　2-4-15　　　　　　　　　　　　　图　2-4-16

任务5

创建内墙

在"建筑"选项卡"构建"面板中选择"墙"命令，复制创建名为"办公楼内墙"，如图2-5-1所示。

类型属性	
族(F)：	系统族：基本墙
类型(T)：	办公楼内墙

图 2-5-1

编辑内墙的结构，如图2-5-2所示。

族：	基本墙			
类型：	办公楼内墙			
厚度总计：	150.0		样本高度(S)：	6096.0
阻力(R)：	0.0923 (m²·K)/W			
热质量：	16.86 kJ/K			

层			外部边		
	功能	材质	厚度	包络	结构材质
1	面层 1 [4]	喷白色内墙涂料	5.0	☑	☐
2	衬底 [2]	水泥石灰砂浆抹面压	5.0	☑	☐
3	衬底 [2]	复合物2型砂浆	20.0	☑	☐
4	核心边界	包络上层	0.0		
5	结构 [1]	混凝土砌块	120.0	☐	☑
6	核心边界	包络下层	0.0		

图 2-5-2

开始绘制一层办公楼内墙。绘制完成后如图2-5-3所示。

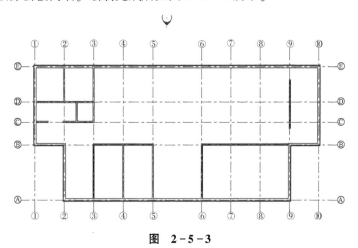

图 2-5-3

开始绘制二层内墙，创建完成后如图2-5-4所示。

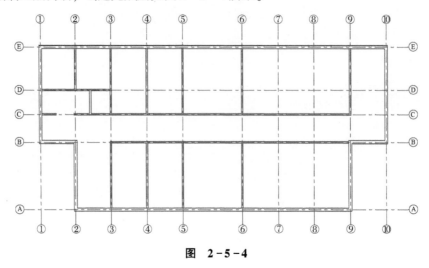

图 2-5-4

标高3、标高4内墙的创建，具体可参见任务7创建三、四层。

任务6

创建一层门窗

在"建筑"选项卡"构建"面板中选择"窗",复制创建窗为"GC-1"并修改宽度为2100mm,如图2-6-1所示。

放置窗GC-1,如图2-6-2所示。

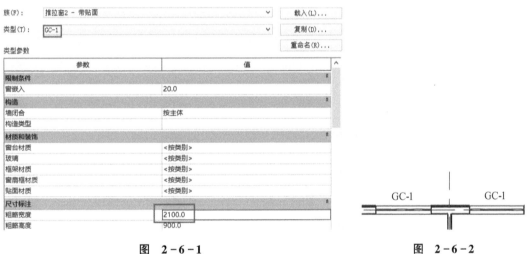

族(F):	推拉窗2 - 带贴面	载入(L)...
类型(T):	GC-1	复制(D)...
		重命名(R)...

类型参数

参数	值
限制条件	
窗嵌入	20.0
构造	
墙闭合	按主体
构造类型	
材质和装饰	
窗台材质	<按类别>
玻璃	<按类别>
框架材质	<按类别>
窗扇框材质	<按类别>
贴面材质	<按类别>
尺寸标注	
粗略宽度	2100.0
粗略高度	900.0

图 2-6-1   图 2-6-2

用类似方法一次创建窗"C1"与窗"C5"并放置,如图2-6-3所示。

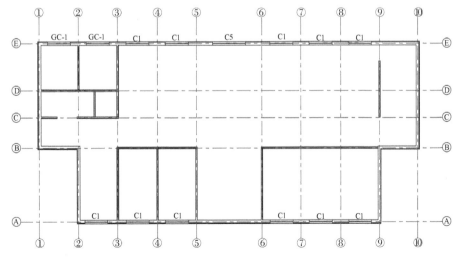

图 2-6-3

创建门，复制创建"M1""M2""M3""M4"并放置，如图2-6-4所示。

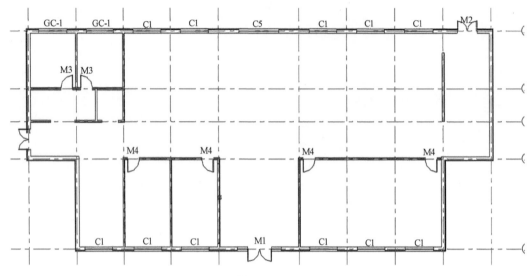

图 2-6-4

二层门窗与一层的创建相同，请参照上文开始创建。创建完成后参照图2-6-5。

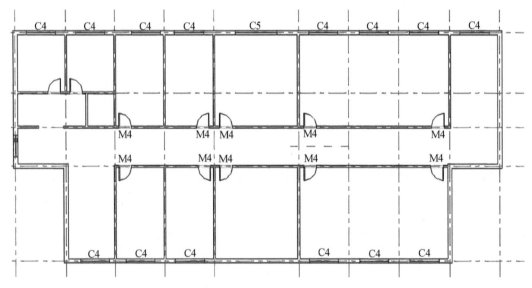

图 2-6-5

任务7
创建三、四层

下面来复制创建三层的内墙与门窗。选择二层的内墙与门窗，单击修改面板中的"复制到剪贴板"，如图2-7-1所示。

单击"与选定的标高对齐"，如图2-7-2所示。

图 2-7-1

图 2-7-2

选择楼层平面标高3。直接创建三层，如图2-7-3所示。

图 2-7-3

创建完后的标高3的楼层平面，如图2-7-4所示。

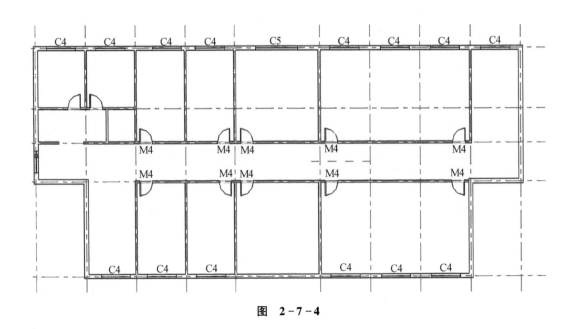

图 2－7－4

下面来开始创建4层。绘制内墙，绘制方法请参照项目一任务3创建墙体章节。创建完成后如图2－7－5所示。

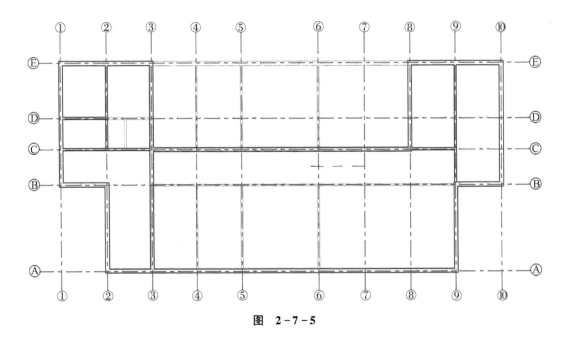

图 2－7－5

开始放置门窗，放置门窗方法请参照项目一任务4创建门、窗章节。创建完成后如图2－7－6所示。

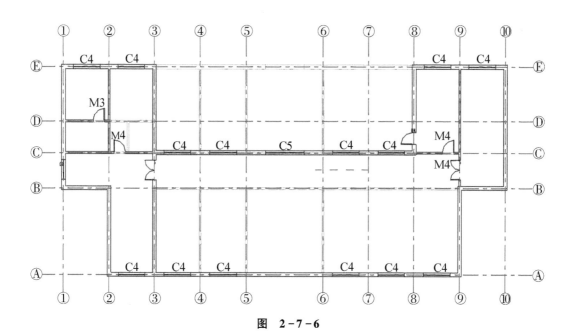

图　2－7－6

任务8

创建楼板

首先来进行一层楼板的创建。选择"楼板"命令，边界线选择"拾取墙"，创建楼板，如图2-8-1所示。

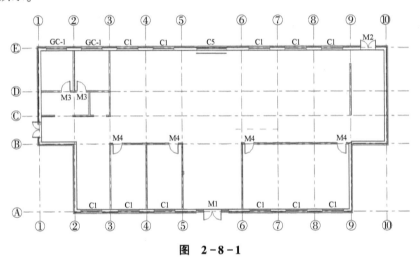

图 2-8-1

然后在属性面板中修改楼板的"标高"为标高1，如图2-8-2所示。

下面开始创建二、三、四层楼板。选择创建好的一层楼板，复制粘贴创建二、三、四层楼板并修改楼板标高，如图2-8-3、图2-8-4所示。具体方法请参照项目二任务4中创建叠层墙的章节。

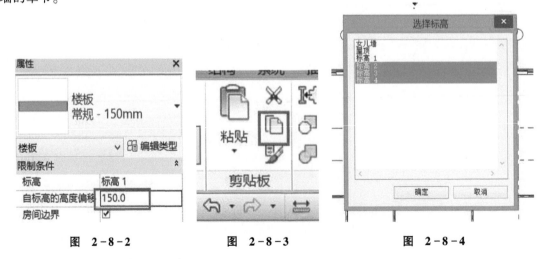

图 2-8-2   图 2-8-3   图 2-8-4

创建后的3D模型,如图2-8-5所示。

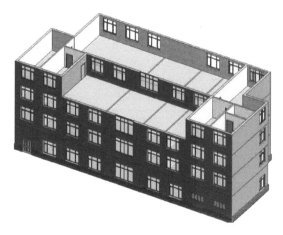

图 2-8-5

因为三层有天台,所以要修改楼板的轮廓,并且绘制三层的屋顶。

选择三层楼板,并修改楼板轮廓。修改后如图2-8-6所示。

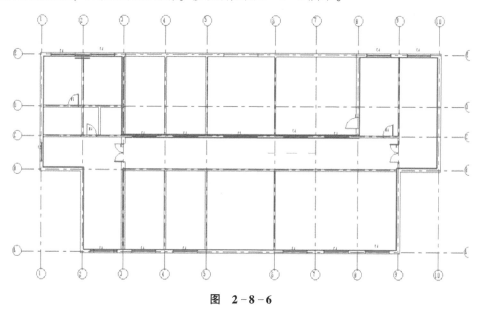

图 2-8-6

单击"完成",楼板创建成功。

任务9

创建三层屋顶

开始绘制天台屋顶。选择"建筑"选项卡"构建"面板中的"迹线屋顶"。首先开始编辑屋顶的结构，单击"属性"面板中的"编辑类型"，复制创建新的屋顶，"办公楼3层屋顶"，如图2-9-1所示。

开始编辑屋顶的结构，如图2-9-2所示。

| | 旧名称： | 办公楼4层屋顶 |
| 新名称(N)： | 办公楼3层屋顶 |

重命名

图 2-9-1

族：　　　　基本屋顶
类型：　　　办公楼3层屋顶
厚度总计：　206.0（默认）
阻力(R)：　　0.0000 (m²·K)/W
热质量：　　0.00 kJ/K
层

	功能	材质	厚度	包络	可变
1	核心边界	包络上层	0.0		
2	结构 [1]	钢筋混凝土面层板	206.0		☐
3	核心边界	包络下层	0.0		

图 2-9-2

首先插入面层，然后开始逐一编辑各层材质类型及厚度，如图2-9-3、图2-9-4所示。

层

	功能	材质	厚度	包络	可变
1	面层 1 [4]	花岗岩	20.0	☐	☐
2	衬底 [2]	1：4干硬性水泥砂浆	20.0	☐	☐
3	衬底 [2]	SBS卷材防水层	4.0	☐	☐
4	衬底 [2]	1：3水泥砂浆找平	20.0	☐	☐
5	衬底 [2]	1：6水泥焦渣	30.0	☐	☐
6	衬底 [2]	SY膨胀玻化微珠保温	90.0	☐	☐
7	**核心边界**	**包络上层**	**0.0**		

图 2-9-3

	功能	材质	厚度	包络	可变
4	衬底 [2]	1：3水泥砂浆找平	20.0		☐
5	衬底 [2]	1：6水泥焦渣	30.0		☐
6	衬底 [2]	SY膨胀玻化微珠保温	90.0		☐
7	**核心边界**	**包络上层**	**0.0**		
8	结构 [1]	钢筋混凝土面层板	206.0		☐
9	**核心边界**	**包络下层**	**0.0**		

图 2-9-4

开始绘制三层屋顶。绘制后如图 2 - 9 - 5 所示。

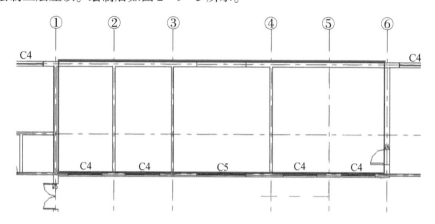

图　2 - 9 - 5

绘制完成后的三维图像，如图 2 - 9 - 6 所示。

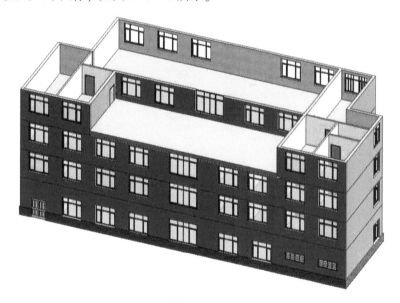

图　2 - 9 - 6

我们将会在任务 11 创建四层屋顶中学习更多技巧。

任务 10

创建柱

这里我们采用两种方法来创建柱。首先介绍第一种，选择"建筑"选项卡"构建"面板中的"柱"命令，选择"建筑柱"，如图 2-10-1 所示。

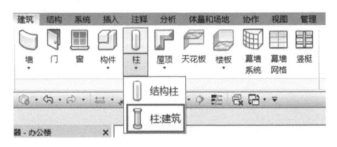

图　2-10-1

在"属性"面板中复制创建："办公楼柱 400*400"，如图 2-10-2 所示。

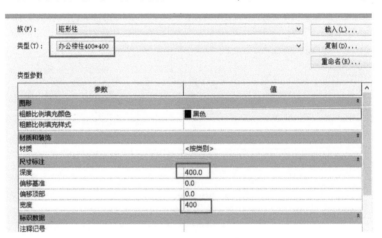

图　2-10-2

在标高 1 楼层平面中，开始放置柱。柱的高度选择标高 2，如图 2-10-3 所示。

图　2-10-3

贴着外墙面层放置柱，如图 2-10-4 所示。

在放置柱时用〈Tab〉键和"对齐"命令进行调整。修改后柱的放置情况如图2-10-5所示。

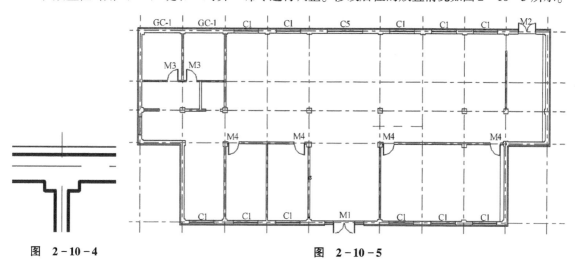

图 2-10-4   图 2-10-5

标高1的柱放置完成。标高2、标高3、标高4的柱读者可参考上述步骤完成。

第二种方法是采用族来创建柱。

选择"插入"面板中的"载入族",如图2-10-6所示。

图 2-10-6

在族库中选中"结构"文件夹中的"柱"文件夹，如图2-10-7所示。

图 2-10-7

选择"混凝土"柱，如图2-10-8所示。

名称	类型
钢	文件夹
混凝土	文件夹
木质	文件夹
轻型钢	文件夹
预制混凝土	文件夹

图 2-10-8

将"钢管混凝土柱-矩形"载入到项目中。

选择"建筑"选项卡"构建"面板的"柱"命令，选择"结构柱"，如图2-10-9所示。

将载入的柱，复制创建"办公楼柱 400×400 结构"，如图 $2-10-10$ 所示。

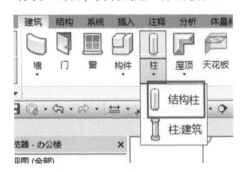

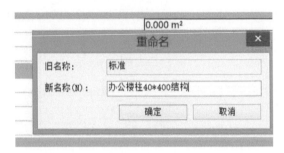

图　$2-10-9$　　　　　　　　　　　图　$2-10-10$

开始放置柱，调整柱的高度，如图 $2-10-11$ 所示。

图　$2-10-11$

在"修改"面板中选中"垂直柱"，如图 $2-10-12$ 所示。

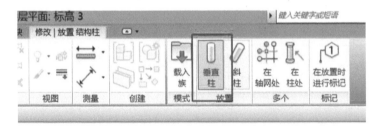

图　$2-10-12$

然后单击"在轴网处"，全选轴网 ，如图 $2-10-13$ 所示。

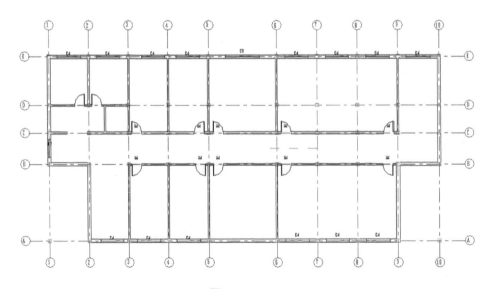

图　$2-10-13$

选择"修改"选项卡多个面板中的"完成"，如图2-10-14所示。

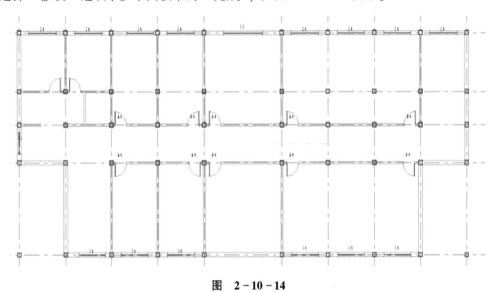

图　2-10-14

柱已经放置在楼层平面中，然后根据图纸对柱进行适当的调整与修改。

任务 11

创建四层屋顶

在"建筑"选项卡"构建"面板中选择"屋顶"，复制创建"办公楼 4 层屋顶"，如图 2-11-1所示。

图　2-11-1

在"编辑类型"中编辑屋顶的结构，如图 2-11-2 所示。

	功能	材质	厚度	包络	可变
1	面层 1 [4]	着色涂料保护层	2.0	☐	☐
2	衬底 [2]	SBS卷材防水层	4.0	☐	☐
3	衬底 [2]	1：3水泥砂浆找平	20.0	☐	☐
4	衬底 [2]	1：6水泥焦渣	30.0	☐	☐
5	衬底 [2]	SY膨胀玻化微珠保温砂	90.0	☐	☐
6	**核心边界**	**包络上层**	**0.0**		
7	结构 [1]	钢筋混凝土面板	204.0	☐	☐

图　2-11-2

开始绘制屋顶，如图 2-11-3 所示。

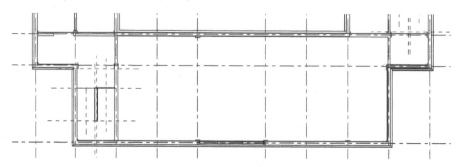

图　2-11-3

因为屋顶有坡度需要分开绘制。选择"修改"选项卡"绘制"面板中的"坡度箭头"，如图 2-11-4 所示。

图 2-11-4

开始设置屋面的坡度，如图 2-11-5 所示。

在"属性"面板中修改"限制条件"中指定为"坡度"，尺寸标注中"坡度"为 2%，如图 2-11-6 所示。

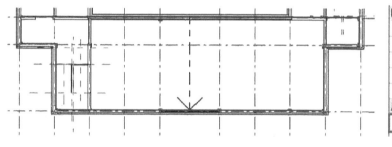

图 2-11-5   图 2-11-6

完成屋顶的绘制，开始创建余下的屋顶，如图 2-11-7、图 2-11-8 所示。

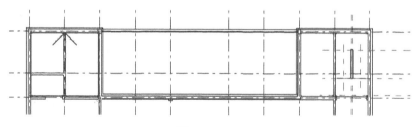

图 2-11-7

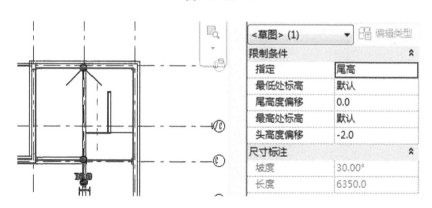

图 2-11-8

查看三维视图,如图2-11-9所示。

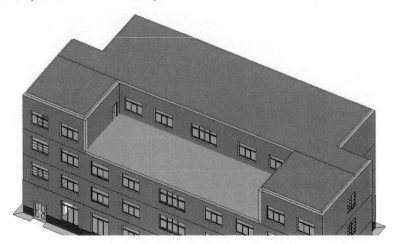

图 2-11-9

任务 12

创建女儿墙

在"建筑"选项卡"构建"面板中选择"墙"命令，在"属性"面板中选中"办公楼外墙"，在楼层平面"屋顶"上开始绘制。绘制修改标高，如图2-12-1所示。

创建完成后如图2-12-2所示。

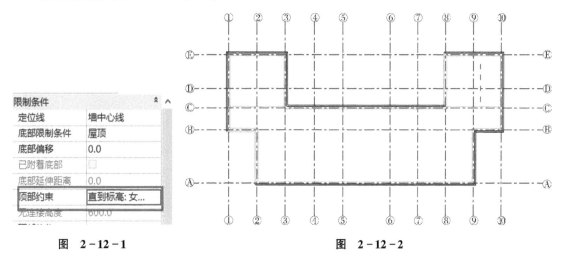

图 2-12-1
图 2-12-2

进入三维视图如图2-12-3所示。

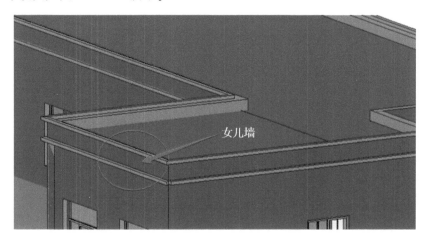

图 2-12-3

任务13

创建楼梯

在"建筑"选项卡中选择"楼梯（按草图）"，如图2-13-1所示。

图　2-13-1

首先创建参照平面，如图2-13-2所示。

开始修改楼梯的属性。在属性面板中修改"宽度"为1600mm，"实际踏板深度"为450mm，"实际踢面高度"为175mm，如图2-13-3所示。

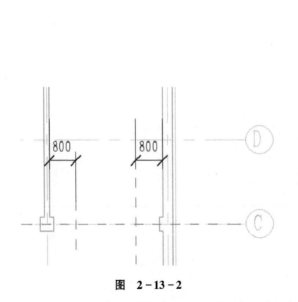

图　2-13-2

图　2-13-3

开始绘制，如图2-13-4所示，完成一个楼梯的绘制。

下面进行第二个楼梯的绘制，方式与第一个相同，如图2-13-5所示。

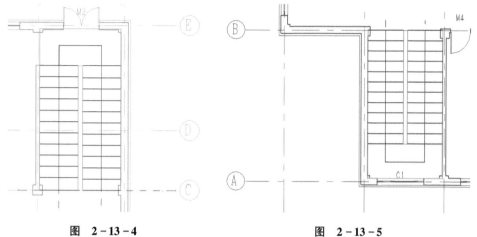

图　2-13-4   图　2-13-5

单击"完成"。标高1的楼梯创建完成。

因为标高1的楼梯与标高2、标高3、标高4的楼梯相同，可以选择复制粘贴命令来绘制。

同时选中标高1的两个楼梯，如图2-13-6所示。

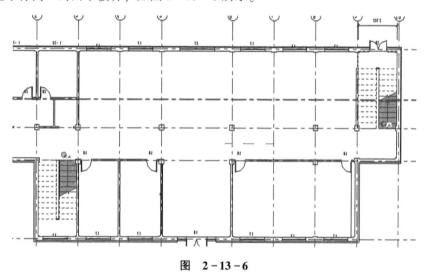

图　2-13-6

在"修改"面板中选择"复制到剪贴板"，如图2-13-7所示。

选择"粘贴"中的"与选定的标高对齐"，如图2-13-8所示。

图　2-13-7   图　2-13-8

选择标高2、标高3，楼梯创建成功。

任务 14

创建楼梯、洞口

下面我们开始创建洞口。在"建筑"选项卡中选中"竖井"命令，如图 2 - 14 - 1 所示。开始按照楼梯的轮廓绘制"竖井"的轮廓，如图 2 - 14 - 2 所示。

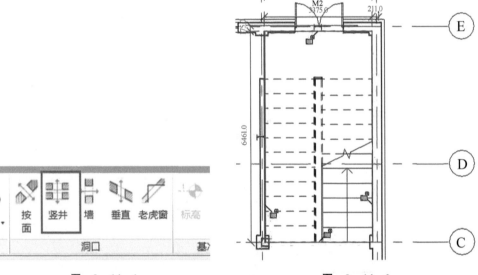

图　2 - 14 - 1　　　　　　　　　　　图　2 - 14 - 2

修改"属性"面板中竖井的"底部限制条件"与"顶部约束"，如图 2 - 14 - 3 所示。

图　2 - 14 - 3

完成绘制，另一个楼梯洞口的创建步骤与第一个一致。

我们来做一个剖面视图，查看洞口与楼梯的创建情况。

在"视图"选项卡的创建面板中选择"剖面"命令，如图2－14－4所示。

图 2－14－4

然后将鼠标移动到要绘制剖面视图的地方，单击鼠标左键即可创建成功，如图2－14－5所示。

在三维视图下查看剖面图，如图2－14－6所示。

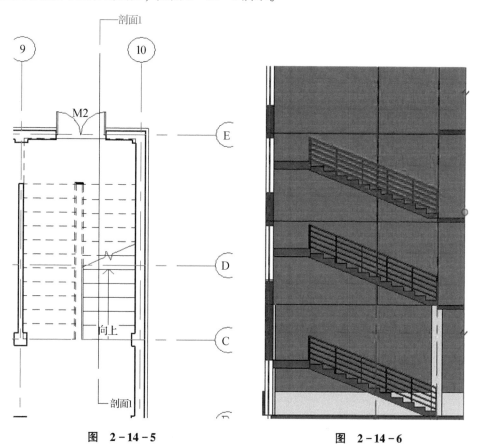

图 2－14－5　　　　　　　　　　　图 2－14－6

任务 15
创建幕墙

视频：创建幕墙

选择"墙"命令，并在"属性"面板中找到"幕墙"命令，如图 2-15-1 所示。

打开"属性"面板中的"编辑类型"，勾选"自动嵌入"，如图 2-15-2 所示。

图　2-15-1

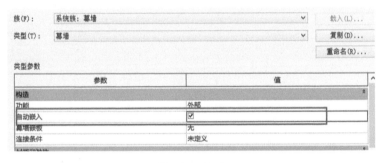

图　2-15-2

在标高 2 楼层平面中绘制幕墙，修改高度，"底部限制"为标高 2，"顶部约束"到屋顶标高，如图 2-15-3 所示。

单击鼠标左键拾取幕墙起始的位置，然后继续单击鼠标左键拾取幕墙结束的位置。原来墙的位置会自动变成幕墙，如图 2-15-4 所示。

图　2-15-3

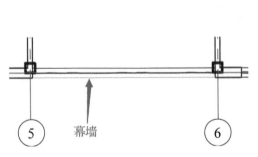

图　2-15-4

我们将三维视图切换到南立面，继续创建幕墙网格与竖梃，如图2-15-5所示。

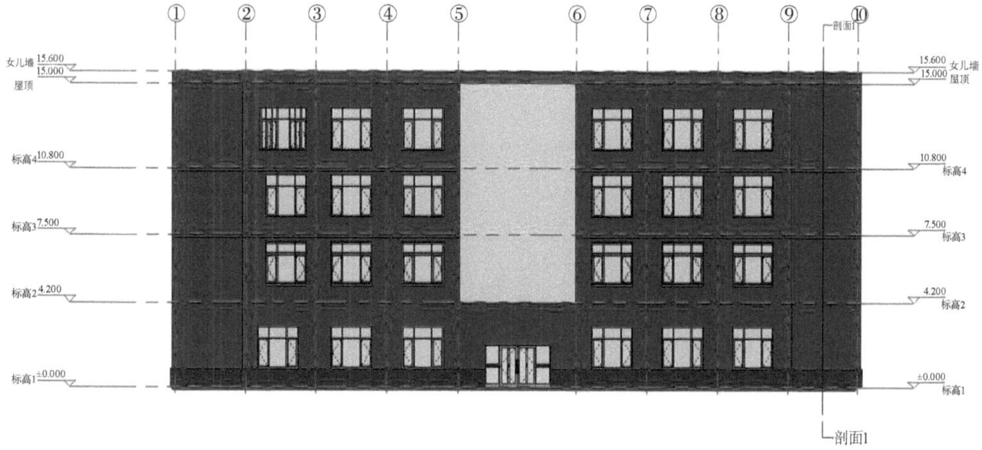

图 2-15-5

在"建筑"选项卡的"构建"面板中选择"幕墙网格"，先绘制网格以确定竖梃的具体位置再来安放竖梃，如图2-15-6所示。

图 2-15-6

当光标移动到幕墙上时，会自动显示临时尺寸标注，单击左键即可放置网格，如图2-15-7所示。

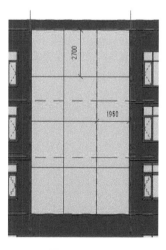

图 2-15-7

按照尺寸绘制网格之后，选择"竖梃"命令，用鼠标单击网格时会自动形成竖梃，如图

2－15－8所示。

　　单击"竖梃"后会进入到"修改│幕墙竖梃"选项卡中，可修改竖梃的连接方式，如图2－15－9所示。

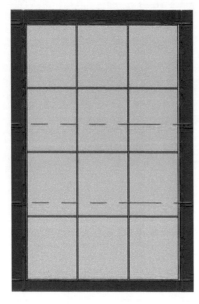

图　2－15－8

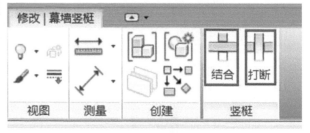

图　2－15－9

任务 16

创建天台栏杆扶手

视频：创建栏杆扶手

进入到标高 4 楼层平面中，选择"建筑"选项卡中"栏杆扶手"并单击"绘制路径"进入到绘制扶手的界面，用直线画出栏杆的轨迹即可，如图 2 - 16 - 1 所示。

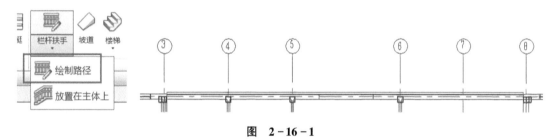

图　2 - 16 - 1

可以通过"属性"面板中的参数，修改栏杆扶手的类型，如图 2 - 16 - 2 所示。

图　2 - 16 - 2

单击"完成"，结束创建。

任务 17

创建台阶

视频：创建台阶

在项目一中，我们学习了族的概念，本节我们要利用轮廓族来创建台阶。

单击应用程序菜单按钮，选择"新建"，创建族，如图 2 - 17 - 1 所示。

图　2 - 17 - 1

出现了族库界面，选择"公制轮廓"族样板，开始绘制台阶轮廓，如图 2 - 17 - 2 所示。

图　2 - 17 - 2

族的创建界面与模型的创建界面有些不同，如图 2 - 17 - 3 所示。

图　2 - 17 - 3

选择"创建"选项卡，"详图"面板中的"直线"，绘制轮廓，如图 2 - 17 - 4 所示。

单击"创建"选项卡"族"编辑器中的"载入到项目中"，如图 2 - 17 - 5 所示。

选择所做项目，如图 2 - 17 - 6 所示。

在"楼层平面标高 1"中创建台阶。首先选择"楼板：建筑"绘制台阶主体。

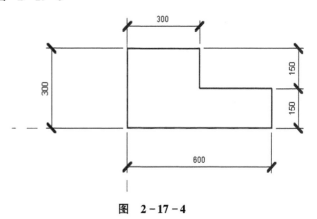

图　2 - 17 - 4

图　2 - 17 - 5

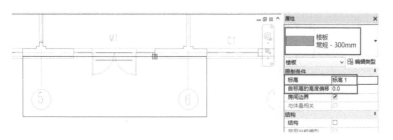

图　2 - 17 - 6

单击"完成"。完成后如图2－17－7所示。

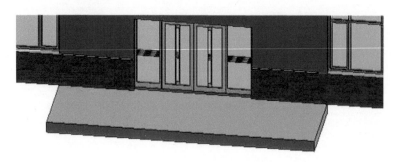

图　2－17－7

开始放置台阶。

选择建筑构建面板的"楼板"命令中的"楼板：楼板边"命令，如图2－17－8所示。

复制创建"室外台阶"，如图2－17－9所示。

图　2－17－8

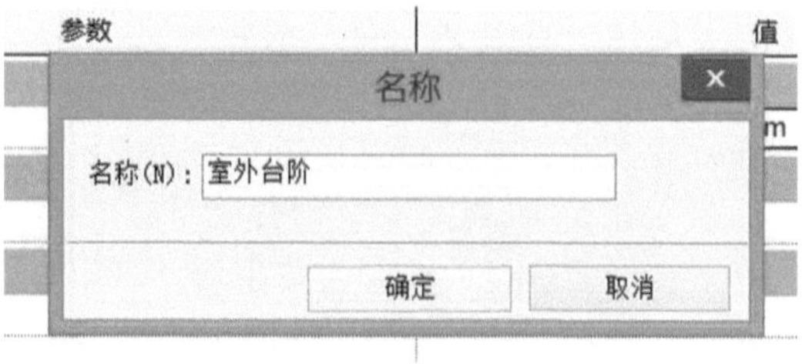

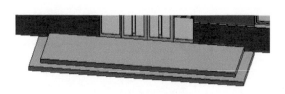

图　2－17－9

修改轮廓为刚刚创建的室外台阶轮廓。

单击刚刚创建的楼板边缘即放置成功，如图2－17－10所示。

相同方法创建第二个室外台阶，如图2－17－11所示。

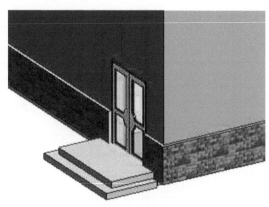

图　2－17－10

图　2－17－11

任务 18
创建坡道

在"建筑"选项卡的"楼梯坡道"面板中选择"坡道"，进入到创建坡道的界面中，如图 2-18-1 所示。

图 2-18-1

开始绘制坡道的轮廓。在"属性"面板中修改坡道的"宽度"为1500mm，并修改"底部标高"为标高1。"顶部标高"为无，"顶部偏移"为300mm，如图 2-18-2 所示。

开始绘制坡道轮廓，如图 2-18-3 所示。

图 2-18-2

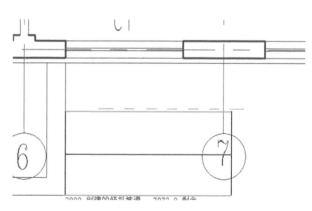

图 2-18-3

单击"完成"，创建坡道。

此时我们会发现坡道并没有落地，下面是空的如图2-18-4所示。

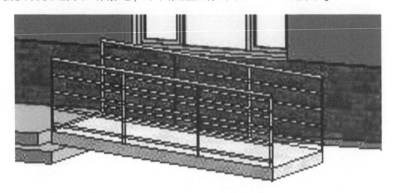

图　2-18-4

单击"属性"面板中的"编辑类型"，修改"造型"为"实体"，如图2-18-5所示。

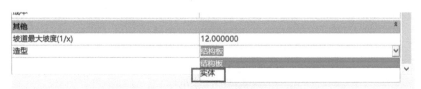

图　2-18-5

修改完成后会变为实体坡道，如图2-18-6所示。

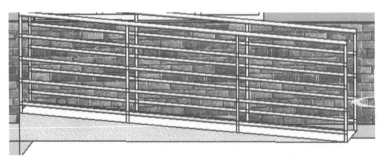

图　2-18-6

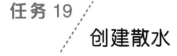

视频：创建散水

单击应用程序菜单按钮创建一个新的散水轮廓族，如图 2 – 19 – 1 所示。

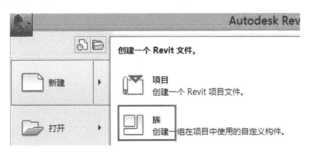

图　2 – 19 – 1

绘制如下图形，保存并载入族中，文件名为"散水"，如图 2 – 19 – 2 所示。

图　2 – 19 – 2

在三维视图中，选择"墙饰条"命令，并复制创建室外散水，如图 2 – 19 – 3 所示。在"轮廓"中载入我们创建的"散水"轮廓族文件。

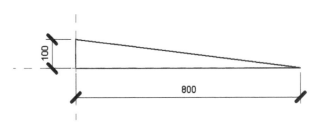

图　2 – 19 – 3

单击墙体边缘即可放置散水，如图2-19-4所示。

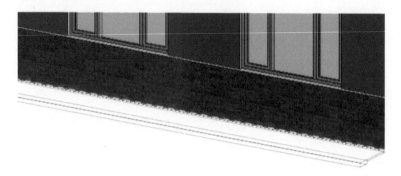

图　2-19-4

室外散水创建成功，创建完成情况如图2-19-5所示。

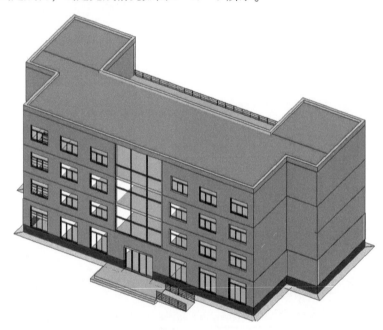

图　2-19-5

任务 20
创建雨篷

在楼层平面标高 1 中创建楼板，并偏移 3750mm，如图 2-20-1 所示。

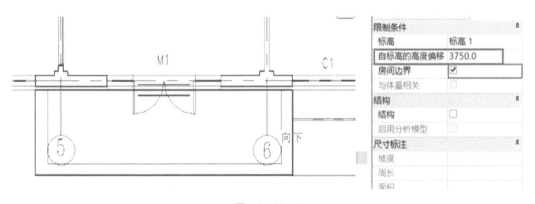

图　2-20-1

创建完成后，单击"楼板"命令选择"楼板边缘"命令。编辑类型，选择轮廓为"一楼雨篷轮廓"，如图 2-20-2 所示。

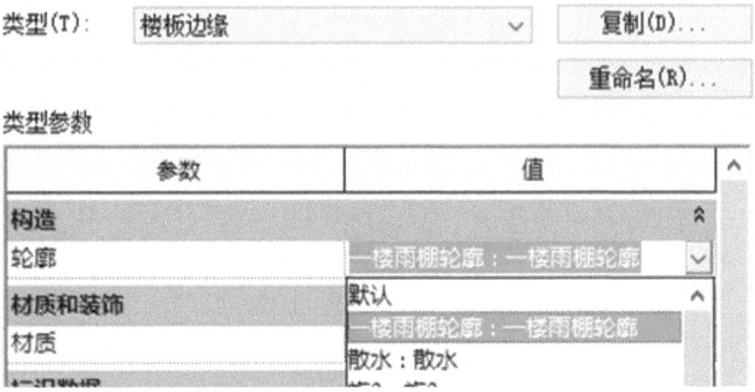

图　2-20-2

选择楼板下边缘放置，放置完成后如图 2-20-3 所示。

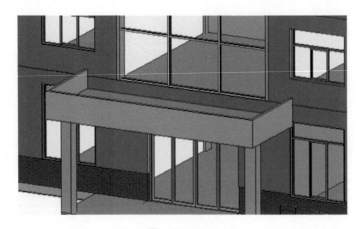

图 2-20-3

下面放置柱，在台阶上，单击"柱"命令并选择"建筑柱"，如图2-20-4所示。

放置在室外台阶上，如图2-20-5所示。

图 2-20-4

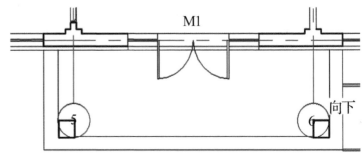

图 2-20-5

发现柱子高度过高，修改"属性"面板中的限制条件，如图2-20-6所示。

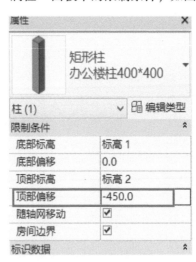

图 2-20-6

开始创建后两个雨篷，创建方法与第一个一致。

任务21

放置百叶窗

在"插入"面板中单击"载入族"选项,在建筑文件夹中将"百叶窗"载入项目中,如图2-21-1所示。

图 2-21-1

单击"窗"命令,找到载入的百叶窗,并复制创建室外百叶窗,如图2-21-2所示。

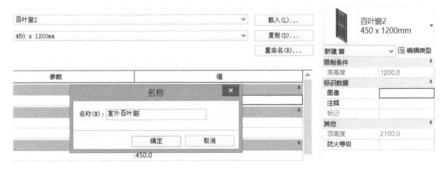

图 2-21-2

修改百叶窗高为1200mm,宽为2100mm。

再创建两个同类型的百叶窗,宽度相同,高度分别为2100mm、1300mm。

插入百叶窗，外墙百叶窗创建完成。如图 2 - 21 - 3 所示。

图　2 - 21 - 3

任务22
创建外墙墙饰条

单击"墙"命令中的"墙饰条"命令,并在"修改"面板中选中"放置"方向为"垂直",如图2-22-1所示。

开始放置墙饰条,如图2-22-2所示。

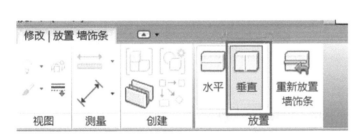

图 2-22-1

图 2-22-2

在女儿墙上放置水平墙饰条,如图2-22-3所示。

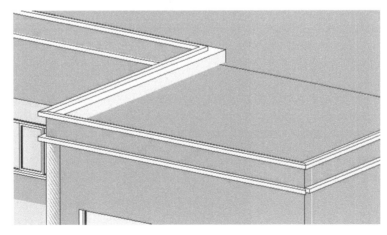

图 2-22-3

办公楼整体创建完成情况如图 2 - 22 - 4 所示。

图　2 - 22 - 4

Revit建筑建模项目教程
Revit jian zhu jian mo xiang mu jiao cheng

项目三　高层住宅

03

任务1

新建项目

1. 启动 Autodesk Revit 软件，单击软件界面左上角的"应用程序菜单"按钮，在弹出的下拉菜单中依次单击"新建"—"项目"。完成项目的创建，如图 3 - 1 - 1 所示。项目的样板选择"建筑样板"，如图 3 - 1 - 2 所示。

图　3 - 1 - 1

图　3 - 1 - 2

2. 项目创建完成后需要对已创建的项目进行保存，单击软件界面左上角的"应用程序菜单"按钮，在弹出的下拉菜单中依次单击"另存为"—"项目"。完成项目保存，如图 3 - 1 - 3 所示。

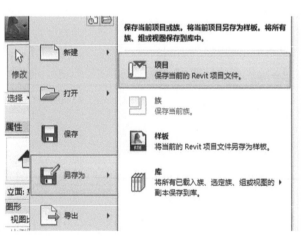

图　3 - 1 - 3

注意： 在"另存为"对话框右下角单击"选项"按钮，"文件保存选项"对话框中的"最大备份数"即为备份文件数量的设置，文件的最低备份数量为1，如图 3 - 1 - 4 所示。

图 3-1-4

任务2 / 创建标高

1. 在 Revit 中，在任意立面绘制标高，在其他立面均可显示。下面我们在东立面视图绘制所需标高。在项目浏览器中展开"立面（建筑立面）"项，双击视图名称"东"进入东立面视图，如图 3-2-1 所示。系统默认设置了三个标高——室外标高、F1 和 F2 的标高。可根据需要修改标高高度，如"室外标高"原高度数值"-0.450"m，用鼠标单击后该数字变为可输入，将原有数值修改为"-0.300"m，用同样的方法，将标高 F2 高度修改为"3.000"m，如图 3-2-2 所示。

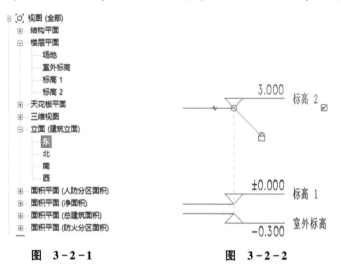

图 3-2-1   图 3-2-2

注意： 样板文件中已经将标高单位修改为"米"，保留"3个小数位"。

2. 由于 F2~F10 的层高值相等都是 3m，可用"阵列"的方式绘制标高。这种方法可一次绘制多个间距相等的标高，适用于多层或高层建筑。选择标高"F2"，单击"修改|标高"上下文选项卡—"修改"面板—"阵列"工具，弹出设置选项栏（图 3-2-3），取消勾选"成组并关联"，输入项目数为"9"，即生成包含被阵列对象在内的共 9 个标高。为保证正交，可以勾选"约束"选项。

| 修改 \| 标高 | ⫶⫶⫶ ⟨⟩⫶⟩ ☑成组并关联 | 项目数:9 | | 移动到:◉第二个 ○最后一个 | ☑约束 | 激活尺寸标注 |

图 3-2-3

3. 设置完选项栏后，单击标高 F2，向上移动，键盘输入标高间距"3000"mm，按回车，将自动生成标高 F3~F10，生成后选中 F3~F10 单击"解组"命令，如图 3-2-4 所示。

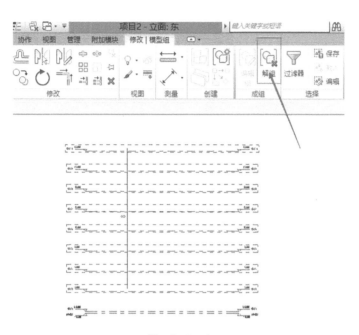

图 3-2-4

4. 选择标高 F10，使用复制的方式，向上复制标高 F11，输入间距为"3500"mm，如图 3-2-5 所示。

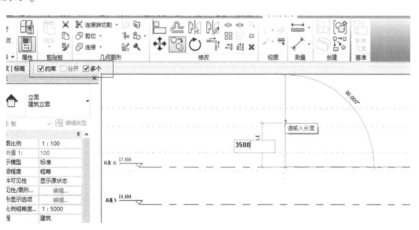

图 3-2-5

注意：选项栏的"约束"选项可以保证正交；勾选"多个"可以在一次复制完成后继续执行操作，从而实现多次复制。

5. 观察"项目浏览器"中的"楼层平面"下的视图，通过复制及阵列的方式创建的标高均未生成相应平面视图（图 3-2-6）。切换到"视图"选项卡，依次单击"平面视图"—"楼层平面"（图 3-2-7），在弹出的"新建楼层平面"对话框中单击第一个标高"F3"，按住键盘上〈Shift〉键用鼠标单击最后一个标高 F11，以上操作将全选所有标高（图 3-2-8），按"确定"按钮，再次观察"项目浏览器"（图 3-2-9），所有复制和阵列生成的标高已创建了相应的平面视图。

图 3-2-6　　　　　　　　　　　　图 3-2-7

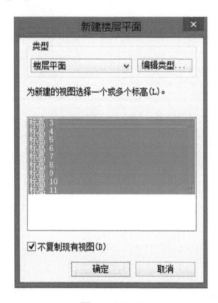

图 3-2-8

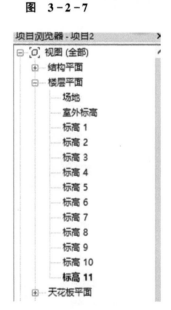

图 3-2-9

任务3

创建轴网

1. 在"项目浏览器"中双击"楼层平面"下的"F1"视图,打开首层平面视图。单击"建筑"选项卡—"基准"面板—"轴网"工具,移动光标到绘图区域中左下角,单击鼠标左键捕捉一点作为轴线起点。然后从下向上垂直移动光标一段距离后,再次单击鼠标左键捕捉轴线终点,创建第一条垂直轴线,观察轴号为1。选择1号轴线,单击功能区的"复制"命令,在选项栏勾选多重复制选项"多个"和正交约束选项"约束",如图3-3-1所示。

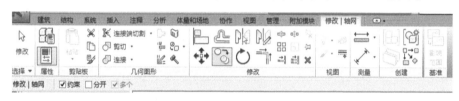

图 3-3-1

2. 移动光标到1号轴线上,单击捕捉一点作为复制参考点,然后水平向右移动光标,依次输入间距值3400mm、1800mm、700mm、1350mm、1350mm、700mm、1800mm、3400mm,并在输入每个数值后按〈Enter〉键确认,完成2~9号轴线的复制(图3-3-2)。

3. 由于10~17号轴线与1~9号轴线间距相同,因此采用复制的方式快速绘制。首先需要绘制一条参照线,从右上角向左下角交叉选择2~9号轴线,单击功能区"复制"工具,光标在2号轴线上任意位置单击作为复制的参考点,将光标水平向右移动,在参照线上单击完成复制操作,生成10~17号轴线,完成(图3-3-3)。

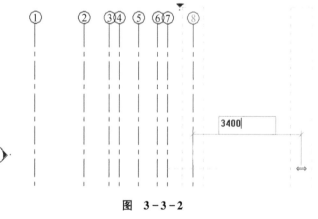

图 3-3-2

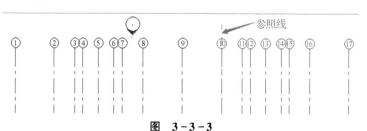

图 3-3-3

注意：单击"建筑"选项卡—"工作平面"面板—"参照平面"工具，绘制距9号轴网3400mm的参照线。

注意：本项目中1～8轴线以轴线9为中心镜像，同样可以生成10～17轴线，但镜像后10～17轴线的顺序将发生颠倒，即轴线17将在最左侧，10号轴线将在最右侧，因为在对多个轴线进行复制或镜像时，Revit默认以复制源的绘制顺序进行排序，因此绘制轴网时不建议使用镜像的方式。

4.单击"建筑"选项卡—"基准"面板—"轴网"工具，使用同样的方法在轴线下标头上方绘制水平轴线。选择刚创建的水平轴线，单击标头，标头数字18被激活，输入新的标头文字"A"，完成A号轴线的创建。选择轴线A，单击功能区的"复制"命令，选项栏勾选多重复制选项"多个"和正交约束选项"约束"，移动光标在轴线A上单击捕捉一点作为复制参考点，然后水平向上移动光标至较远位置，依次在键盘上输入间距值600mm、3400mm、2200mm、300mm、1000mm、2000mm、1300mm、1400mm，并在每次输入数值后按〈Enter〉键确认，完成B～I号轴线的复制。选择刚创建的水平轴线I，单击标头，标头文字I被激活，输入新的标头文字"J"完成后的轴网如图3-3-4所示。

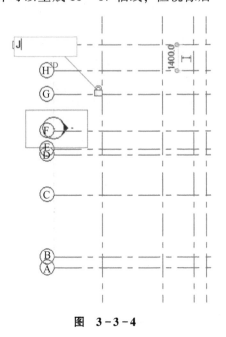

图 3-3-4

注意：Revit Architecture不会像天正等建筑软件会自动过滤掉I、O等轴号，需要进行手动修改。

注意：框选中的球体类似人的眼球，所以将球体移出轴网的范围内。首先选中球体，将弹出"修改"选项卡—"移动"工具，勾选"约束"完成移动命令，如图3-3-5所示。

5.轴网绘制完成后需要根据出图需要对轴网进行编辑。选择任意一根轴线，会显示临时尺寸、一些控制符号和复选框（图3-3-6），可以编辑其尺寸值、单击并拖拽控制符号可整体或单独调整标高标头位置、控制标头隐藏或显示、标头偏移等操作。

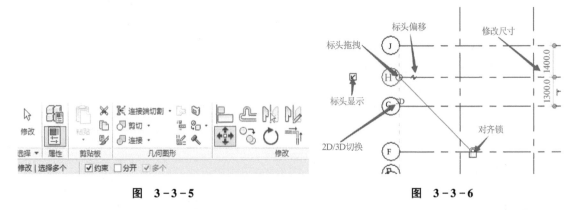

图 3-3-5　　　　　　　　　　　　　图 3-3-6

6.根据轴线所定位的墙体位置及长度需对轴线进行调整：选择3号轴线，取消勾选下标头下方正方形内的对勾，取消下标头的显示。单击轴线下标头旁边的锁形标记解锁，按住3号轴线下标头内侧的空心圆向上拖拽至C轴。同样的方法取消3、4、6、7、11、12、14、15轴线下标头显示，并将调整下端点拖拽至 C 轴（图 3-3-7）。

图　3-3-7

7. 下面我们为距离近而产生干涉的轴网添加弯头。本例中需要选择 3 号轴线（图 3-3-8），单击轴线标头内侧的"添加弯头"符号，偏移 3 号轴线标头，可拖拽夹点修改标头偏移的位置（图 3-3-9）。使用同样的方法处理轴线标头 7、11、15、B、D，编辑完成，如图 3-3-10 所示。

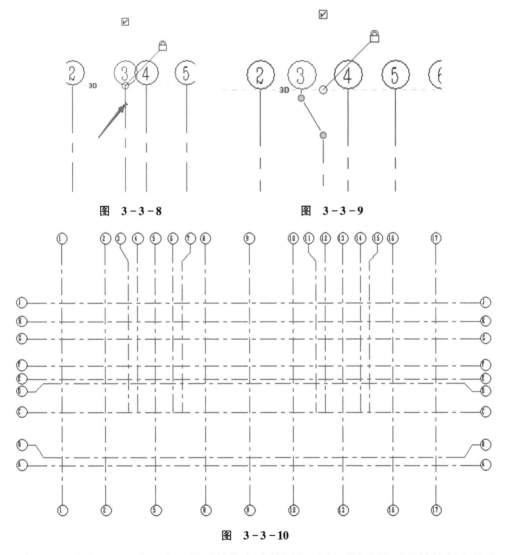

图　3-3-8　　　　　　　图　3-3-9

图　3-3-10

8. 打开平面视图 F2 观察，发现针对轴线弯头的添加及个别轴头的可见性控制未传递到 F2

视图。回到 F1 视图，框选全部轴线，单击"修改|轴网"上下文选项卡—"基准"面板—"影响范围"工具，在弹出的"影响基准范围"对话框中，鼠标单击选择"楼层平面：标高"，然后按住〈Shift〉键单击视图名称"楼层平面：场地"，所有楼层及场地平面被选择，单击任意被选择的视图名称左侧的矩形选框，将勾选所有被选择的视图，单击"确定"按钮完成应用（图3-3-11）。打开平面视图"F2"，针对轴线弯头的添加及个别轴头的可见性控制已经传递到 F2视图。

图 3-3-11

任务4 创建墙体

1. 单击"建筑选项卡"—"墙"面板—"墙：建筑"工具（图3-4-1），选择"属性"按钮，在弹出的"属性"对话框中选择墙类型"常规200"，单击"编辑类型"—复制墙体（WQ-200）—结构编辑—为该墙体添加材质（钢筋混凝土+外墙面砖）和厚度200mm（图3-4-2）。

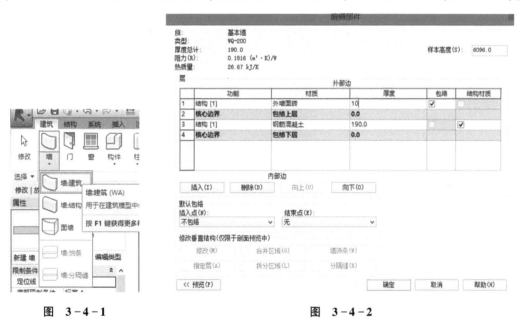

图 3-4-1   图 3-4-2

2. 进行墙体绘制之前还需设置绘图区域上方的选项栏（图3-4-3）：

1）单击"高度"后的选项，选择"标高2"，即墙体高度为当前标高F1，到设置标高F2。

2）修改定位线为"核心层中心线"。

3）勾选"链"便于墙体的连续绘制。

图 3-4-3

注意：Revit Architecture 会以墙的定位线为基准位置，应用墙的厚度、高度及其他属性。即使墙类型发生改变，定位线所在平面也会是墙上一个不变的平面。例如，如果绘制一面墙并将其定位线指定为"核心层中心线",那么即便选择此墙并修改其类型或结构,定位线位置仍会保持不动。本案例中需要在后续的设计中给外墙添加保温层,当其墙体厚度发生改变时,需要保证其结构层位置不变,故采用"核心层中心线"作为墙体定位线。

3. 光标移动至绘图区域,借助轴网交点顺时针绘制墙体,如图3-4-4所示。

注意: Revit中的墙体可以设置真实的结构层、涂层,即墙体的内侧和外侧可能具有不同的涂层,顺时针绘制可以保证墙体内部涂层始终向内,选择任意一面墙体(图3-4-4),可单击墙体一侧出现的双向箭头,翻转面,出现箭头的一侧为墙体外侧。

4. 与外墙同样的方法创建内墙:NQ-200—剪、NQ-200—隔、NQ-100—隔,材质都为加气混凝土,沿轴网顺时针方向开始绘制(图3-4-5)。

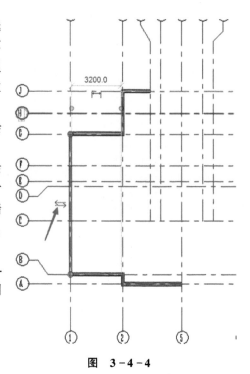

图 3-4-4

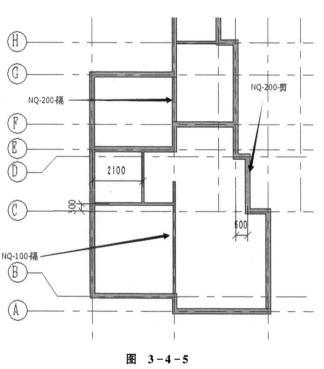

图 3-4-5

注意: "NQ-100—隔"在2号轴线的长度为4600。

任务5
创建门、窗

5.1 创建门

1. 单击"建筑选项卡"—"门"工具，Revit 将自动打开"放置门"的上下文选项卡，单击"属性"按钮，从下拉列表中选择门"M0821"，光标移动到绘图区域 F 轴墙体上，将出现门的预览，光标移动到墙体上方，门向上开启，光标移动到墙体下方，门将向下开启，本项目中该门向上开启，因此光标停留在墙体略向上方的位置，按键盘 < 空格 > 键会发现该键可以切换门的左右开启方向，通过光标及 < 空格 > 键将门调整到下图中的开启方向时，单击放置"M0821"，并通过临时尺寸标注，修改门距左侧墙体距离为 700mm（图 3 - 5 - 1）。

2. 同样的方法继续放置"M0821"到下图中的位置，并调整该门距上方墙体墙面 850mm（图 3 - 5 - 2）。

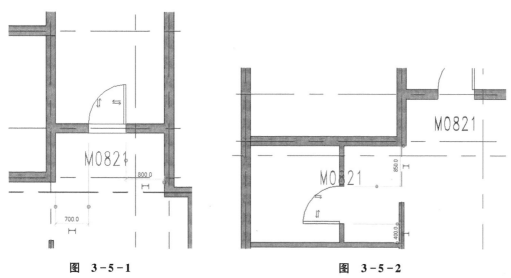

图 3 - 5 - 1   图 3 - 5 - 2

注意：插入门窗时输入"SM"，自动捕捉到中点插入；放置后的门可以通过上下及左右方向的双向箭头以及键盘 < 空格 > 键调整开启方向。选择"门"，打开"修改 | 门"的上下文选项卡，单击"主体"面板的"拾取主体"命令，可更换放置门的主体。即把门移动放置到其他墙上。

3. 以"M0821"为基础，复制新的门类型"M0921"，并将门宽度设置为 900mm。将门

"M0921"按下图中的位置及开启方向放置，通过临时尺寸标注，将两扇门距右侧墙体距离均修改为50mm（图3-5-3）。

4. 同样的方法以"M0821"为基础复制新的门类型"M1022"，将门的高度设置为2200mm，宽度设置为1000mm，并按下图中的位置放置"M1022"，通过临时尺寸标注，修改该门距上方墙体的墙面距离为50mm（图3-5-4）。

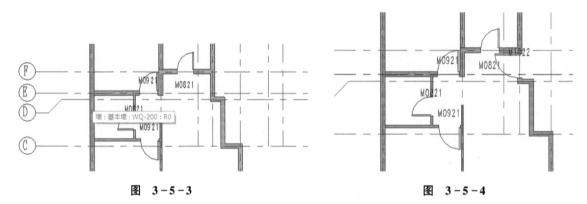

图 3-5-3　　　　　　　　　　　图 3-5-4

5. 单击"插入"选项卡—"从库中载入"面板—"载入族"工具，在弹出的"载入族"对话框中选择"案例所需文件"文件夹中的族文件"M_门联窗"与"M_推拉门_双开"（按键盘上〈Ctrl〉键可多选，一次载入多个族文件），并单击右下角"打开"按钮，如图3-5-5所示。

图 3-5-5

6. 以"M_门联窗"为基础，在其"类型属性"对话框中复制新的类型"MLC1321"，并设置门宽为700mm，高度为2100mm，总宽度为1300mm，并放置在下图中所示位置上，通过临时尺寸标注调整该门距离左侧墙面100mm（图3-5-6）。

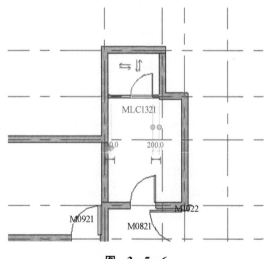

图 3-5-6

7. 同样的方法以"M_ 推拉门_ 双开"为基础，在其"类型属性"对话框中复制新的类型"TLM2123"，并设置高度为2300mm，宽度为2100mm，并放置在图3-5-7中所示位置上，通过临时尺寸标注调整该门距离左侧墙面500mm。

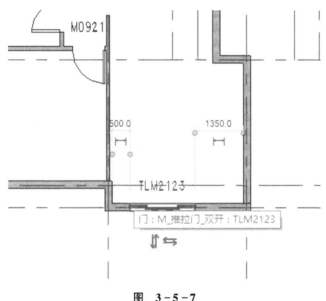

图 3-5-7

5.2 创建窗

1. 窗与门的添加方法类似，单击"插入"选项卡—"从库中载入"面板—"载入族"工具，在弹出的"载入族"对话框中选择"案例所需文件"文件夹中的族文件，单击放置窗"C1218"至下图中2、3轴之间任意位置，选择刚刚插入的窗"C1218"，将左侧出现的与距左墙面的临时尺寸标注修改为"0"，实现该窗的准确定位（图3-5-8）。

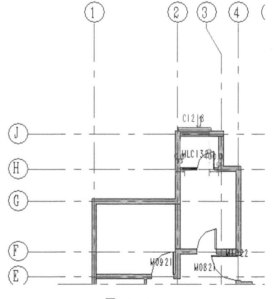

图 3-5-8

2. 单击"编辑类型"，在打开的"类型属性"对话框，以窗"C1215"为基础复制新的窗类型"C0918"，并将窗高度设置为1800mm，宽度设置为900mm。光标移动在2轴上J轴和H轴中间任意位置单击鼠标放置窗"C0918"，并选择窗"C0918"，修改其距离上方墙体内侧的临时尺寸标注数值为100mm（图3－5－9）。

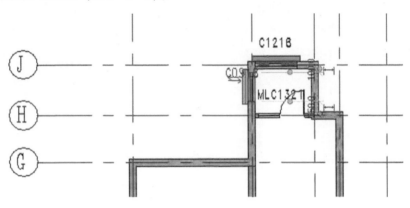

图　3－5－9

3. 同样的方法，以窗"C1215"为基础复制新的窗类型"C1415"，并将窗高度设置为1500mm，宽度设置为1400mm，距1轴线750mm。以窗"C1215"为基础复制新的窗类型"C1818"，并将窗高度设置为1800mm，宽度设置为1800mm，距1轴线700mm。并放置在如图3－5－10所示的位置。

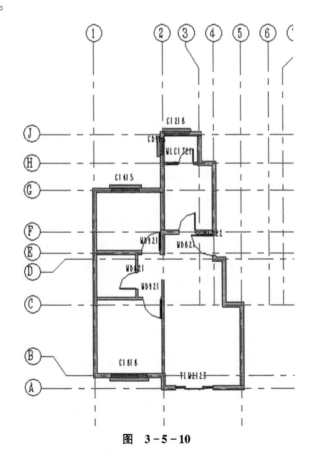

图　3－5－10

注意：

1. 在平面插入窗，其窗台高为"默认窗台高"参数值。在立面上，可以在任意位置插入窗。在插入窗族时，立面出现绿色虚线时，此时窗台高为"默认窗台高"参数值。

2. 修改窗的实例参数中的"底高度"，实际上也就修改了"窗台高度"，但不会修改类型参数中的"默认窗台高"。修改了类型参数中"默认窗台高"的参数值，只会影响随后再插入的窗户的"窗台高度"，对之前插入的窗户的"窗台高度"并不产生影响。

任务6

放置家具

视频：放置家具

1. 单击"插入"选项卡—"从库中载入"面板—"载入族"工具，打开"案例所需文件"（参见文前下载地址），选择"家具族"，选择全部族文件，单击"打开"载入族文件（图3-6-1）。

图　3-6-1

注意：在项目中如无特殊要求（如：做室内效果图）优先选择二维构件，以此降低文件数据量，提高运行速度。

2. 单击"建筑"选项卡—"构建"面板—"构件"工具，在类型选择器中选择"卫浴—坐便a_ 2D"，在图示位置进行放置，相同操作完成淋浴间及洗面台的放置，完成后如图3-6-2所示。

注意：在放置之前，可通过〈空格〉键调整构件的放置方向。

3. 重复上步操作，完成其他房间家具的摆放，具体位置可参照图3-6-3所示。

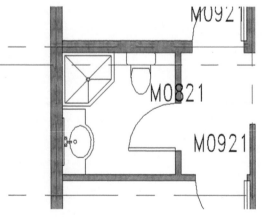

图　3-6-2

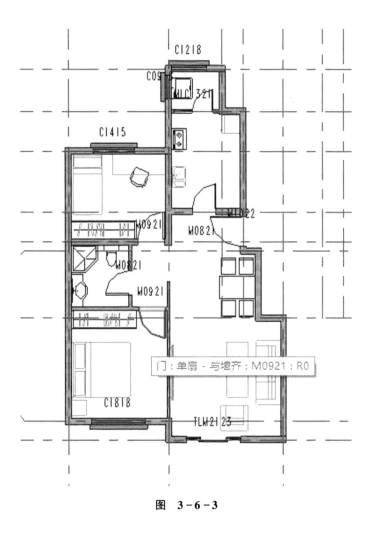

图　3－6－3

创建标准层

视频：创建标准层

1. 打开"项目浏览器"中"楼层平面"的"F1"视图，光标从视图左上方向右下方框选除轴网外的所有构件，单击"选择多个"上下文选项卡—"创建"面板—"创建组"工具，在弹出的"创建模型组和附着的详图组"对话框中，输入模型组名称为"户型-A"，详图组名称为"X-户型-A"，单击"确定"，完成组的创建，如图3-7-1所示。

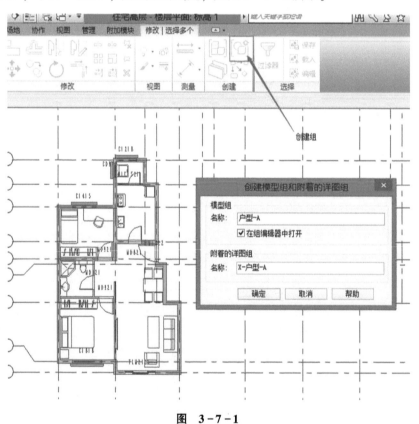

图 3-7-1

2. 光标移动到"户型-A"组上，当外围出现矩形虚线时单击"选择组"，单击"修改模型组"上下文选项卡的"修改"面板下的"镜像"工具，光标移动到绘图区域，在5轴上单击，即以5轴为中心镜像组"户型-A"，完成，如图3-7-2所示。

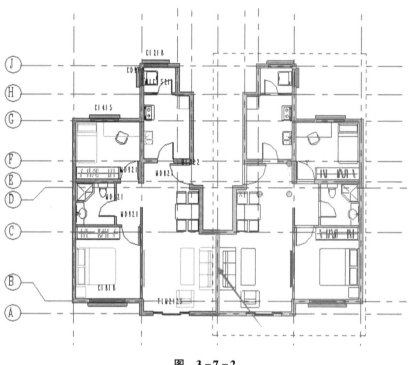

图　3-7-2

注意：右下角将弹出图 3-7-3 中的提示。

图　3-7-3

3. 由于镜像组时有一面墙重叠，发生错误警告，光标移动到 5 轴重叠的墙体上，按〈Tab〉键选择重叠的任意一面墙，单击该墙旁边的"图钉"图标，将该墙体排除出组外，如图 3-7-4所示。

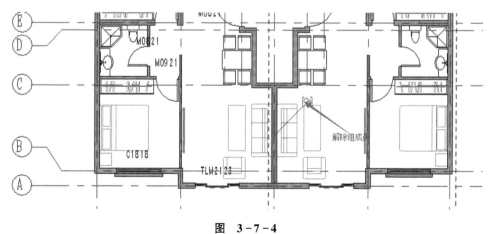

图　3-7-4

4. 选择现有的两个模型组，同样的方法单击"修改模型"上下文选项卡—"修改"面板—"镜像"工具，光标移动到绘图区域，以9轴为中心镜像现有两个模型组，如图3-7-5所示。同样方法将9轴线的重叠墙体排出组外。

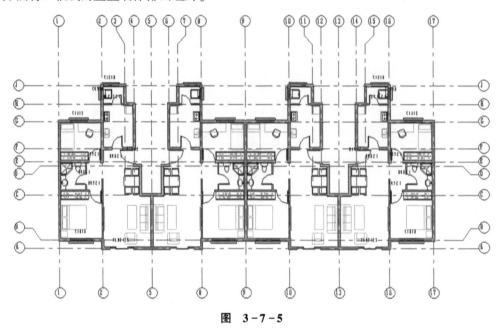

图 3-7-5

5. 单击"建筑"选项卡—"构建"面板—"墙"工具，在"放置墙"选项卡"属性"面板"修改图元类型"下拉列表中选择墙体"WQ_200_剪"，选项栏确保墙体高度设置为"F2"，在J轴上3~7、11~15轴之间从左向右绘制下图中的墙体。在下拉列表中选择墙体"NQ_100_隔"，从H轴与4轴交点向上至J轴绘制墙体。仍旧为"NQ_100_隔"，从H轴与6轴交点向上至J轴绘制墙体，完成墙体的添加（图3-7-6）。

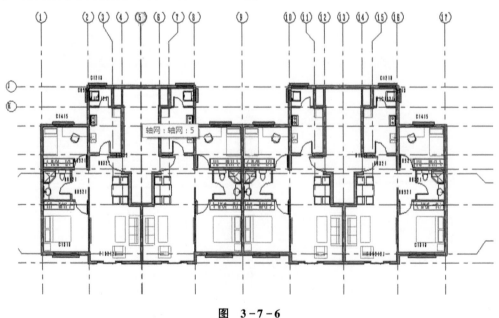

图 3-7-6

6. 单击"修改"选项卡—"编辑"面板—"对齐"命令，按〈Tab〉键选择4轴与H～G轴处墙体右侧表面后，继续用〈Tab〉键选择新创建的4轴上的"NQ_100_隔"右边的面层，将两面墙的面层对齐，同样的方法对齐6、12、14轴上的"NQ_100_隔"墙体，如图3-7-7所示。

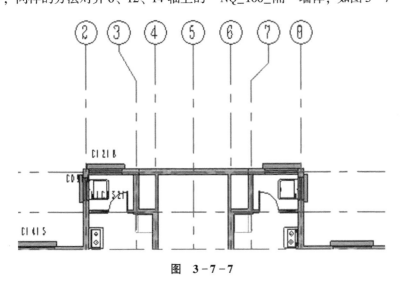

图　3-7-7

7. 选择窗"C0918"，放置在如图3-7-8所示的位置。以"M_双开门1521FBM甲"为基础复制新的门类型"FM0921甲"并修改门的高度为2100mm，宽度为900mm。光标移动到绘图区域，在刚刚绘制的两面"NQ_100_隔"墙体上，如图3-7-8所示位置放置防火门"FM0921甲"，放置位置默认为墙的中心。

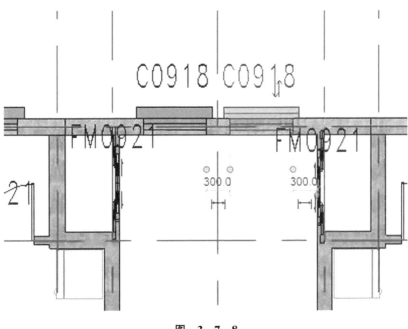

图　3-7-8

注意：按〈SM〉键可以帮助居中放置（因为〈SM〉是捕捉中心点的快捷键，快捷键可自己设置）。

8. 选择刚刚创建的新墙体、门、窗及房间，单击"选择多个"选项卡—"修改"面板—"镜像"工具，以9轴作为镜像轴线，单击左键完成新构件的复制，如图3-7-9所示。

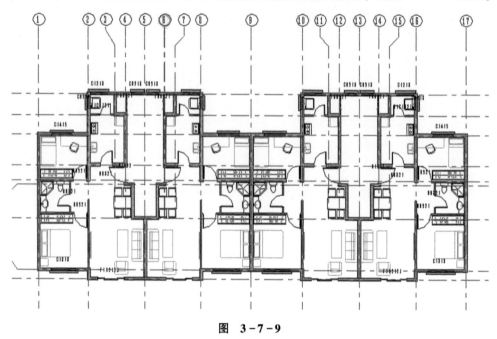

图 3-7-9

任务8　创建楼板

施工设计中，按建筑做法划分，一般我们将楼板绘制分为4个区域：服务区域（卫生间、厨房及服务阳台）、生活区域（除服务区域及阳台外的其他房间）、室外阳台及核心筒区域（即楼梯间）。

1. 打开项目浏览器中的"楼层平面"下的"F1"视图，开始绘制生活区楼板。单击"常用"选项卡—"构建"面板—"楼板"工具，进入楼板的草图绘制模型。单击"创建楼层边界"选项卡—"属性面板"—"属性"，在弹出的"属性"对话框中单击"编辑类型"按钮，进入"类型属性"对话框，单击"类型"后的"复制"按钮，在弹出的"名称"对话框中输入新名称"生活区-150mm"，单击"确定"，如图3-8-1所示。

图　3-8-1

单击"结构"项后的"编辑"按钮，进入"编辑部件"对话框，确保结构层厚度为150mm，并选择材质"钢筋混凝土"，如图3-8-2所示。

2. Revit默认激活了"创建楼板边界"选项卡—选择"绘制"面板—选择"边界线"的"拾取墙"工具，光标在绘图区域拾取墙体，如图3-8-3所示。

图 3-8-2   图 3-8-3

注意：选择拾取生成的边界线，单击出现的双向箭头可切换该线条位置，可由内墙面切换为外墙面或由外墙面切换到内墙面。

3. 顺时针拾取墙体，完成封闭的轮廓。多余的线条用修改命令处理，绘制如图3-8-4所示。编辑完成三维视图如图3-8-5所示。

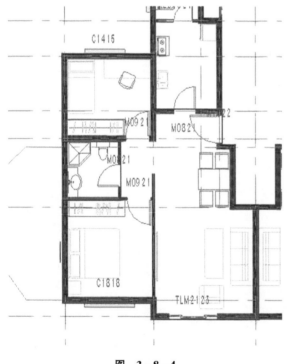

图 3-8-4

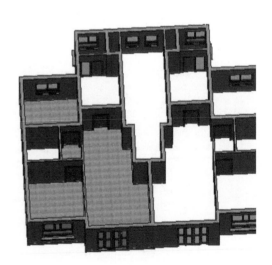

图 3-8-5

注意：楼板轮廓必须为一个或多个闭合轮廓。不同结构形式建筑的楼板加入法：框架结构楼板一般至外墙边；砖混结构为墙中心线；剪力墙结构为墙内边。

4. 以楼板"生活区-150mm"为基础，复制新的楼板类型"服务区-150mm"，楼板材质及结构层厚度不变，光标在绘图区域绘制下图中的2个闭合轮廓，如图3-8-6所示。

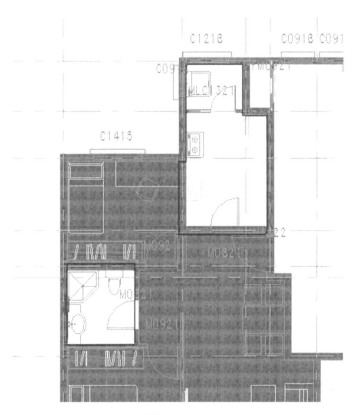

图　3-8-6

注意：在绘制此节内容中的楼板时，在设计初期我们虽然将楼板分块，但其构造做法暂定一致，在后续的施工设计中将对其进行细分。

5. 同样的方式以楼板"生活区-150mm"为基础，复制新的楼板类型"阳台-150mm"，绘制1200×3950闭合轮廓完成室外阳台楼板的绘制，如图3-8-7所示。

户型-A编辑完成后，利用"镜像"命令，将楼板添加到对应户型中，如图3-8-8所示。

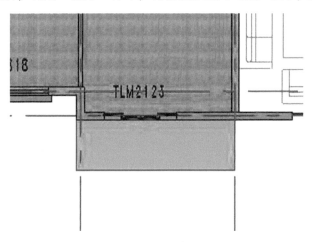

图　3-8-7

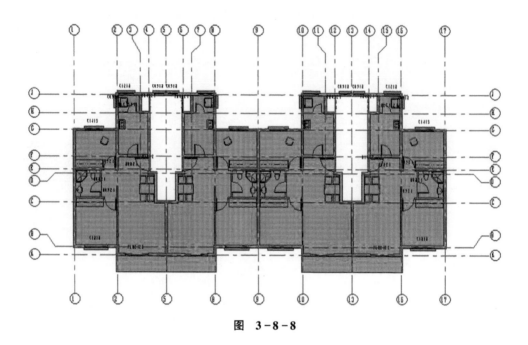

图 3-8-8

任务9
创建楼梯、电梯构件

9.1　创建楼梯

1. 确认打开项目浏览器中"楼层平面"中的"F1"视图，开始绘制楼梯。单击"建筑"选项卡—"楼梯坡道"面板—"楼梯"，进入楼梯的草图绘制模式，单击"创建楼梯草图"选项卡—"属性"面板，打开"类型属性"对话框，设置"类型"为"整体式楼梯"，并设置宽度为1200mm；所需踢面数为18；实际踏板深度为280mm，单击"确定"后关闭"属性"对话框，如图3-9-1所示。

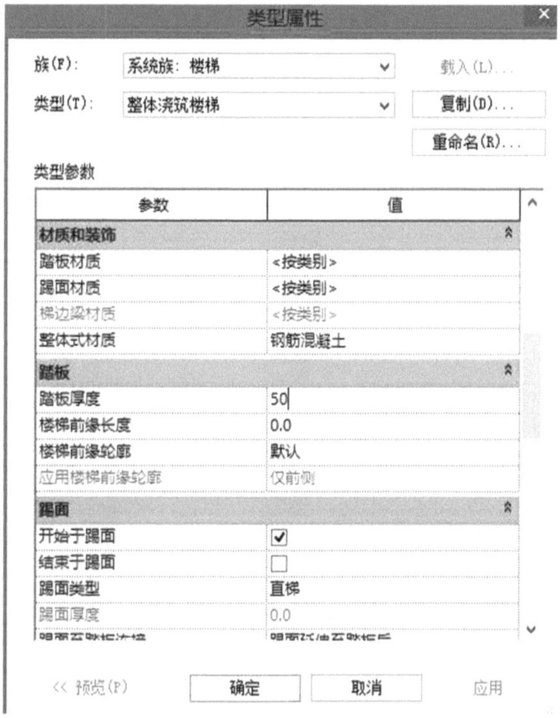

类型属性		×
族(F)：	系统族：楼梯	载入(L)…
类型(T)：	整体浇筑楼梯	复制(D)…
		重命名(R)…

类型参数

参数	值
材质和装饰	
踏板材质	<按类别>
踢面材质	<按类别>
梯边梁材质	<按类别>
整体式材质	钢筋混凝土
踏板	
踏板厚度	50
楼梯前缘长度	0.0
楼梯前缘轮廓	默认
应用楼梯前缘轮廓	仅前侧
踢面	
开始于踢面	✔
结束于踢面	☐
踢面类型	直梯
踢面厚度	0.0

<< 预览(P)　　　　确定　　　取消　　　应用

图　3-9-1

2. 开始绘制楼梯前需要绘制一些辅助线，楼梯都有梯井，这里留有100mm宽的梯井，并画两条楼梯的起始线和终点线如图3-9-2所示，开始绘制楼梯（图3-9-3）。

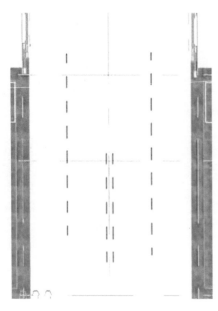 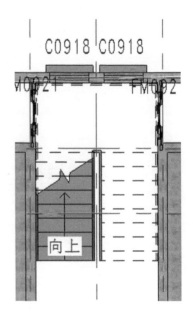

图　3-9-2　　　　　　　　　　　　图　3-9-3

通过上面的操作可以实现楼梯位置的准确定位。

注意： 也可以在绘制楼梯前通过"参照平面"为楼梯的起始踏步、休息平面准确定位。

3. 单击"完成楼梯"按钮，完成楼梯的绘制，观察完成后的效果。选择外围的扶手，单击"修改扶手"选项卡—"修改"面板—"删除"按钮，删除靠墙的扶手。完成楼梯的绘制，如图3-9-4所示。

图　3-9-4

9.2　创建电梯构件

1. 回到平面视图"F1"，开始添加电梯构件。单击"插入"选项卡—"从库中载入"面板—"载入族"按钮，在弹出的"载入族"对话框中选择"案例所需文件"＼"DT_电梯_后配重_多层.rfa"并单击"打开"按钮，完成电梯族的载入。

2. 单击"建筑"选项卡—"构建"面板—"构件"按钮，在"放置构件"的上下文选项卡单击"属性"面板—"属性"下拉列表选择"DT_电梯_后配重_多层2200×1100"，单击

"属性"—"编辑属性",进入"类型属性"对话框,单击"类型"后的"重命名"按钮,在弹出的"名称"对话框中输入新的类型名称:"1350×1400",并确定,如图3-9-5所示。修改电梯设置:轿箱深度=1350mm、轿箱宽度=1400mm、配重偏移=0。

3. 光标移动至绘图区域电梯井上方墙面,Revit将自动拾取中心位置,单击放置电梯,如图3-9-6所示。

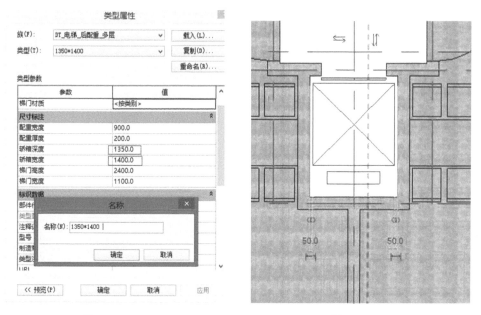

图　3-9-5　　　　　　　　　　　　　图　3-9-6

4. 按〈Ctrl〉键多选刚刚绘制的楼梯、扶手、电梯、楼梯间房间填充、电梯井房间填充等构件,单击"选择多个"选项卡—"修改"面板—"镜像"工具,以9号轴线为中心轴镜像,如图3-9-7所示。

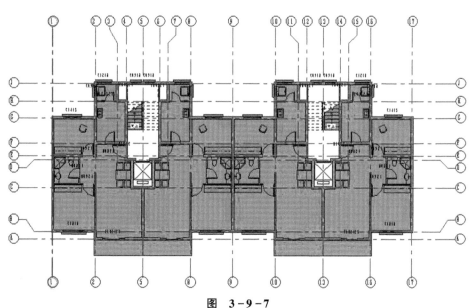

图　3-9-7

任务 10

主体搭建

视频：**主体搭建**

1. 确保打开平面视图 F1，为了外墙在立面上的连续性，将外墙（类型名称以"WQ"开头的墙体）从模型组中排除掉。光标选择左侧模型组"户型 A"。单击"修改模型组"上下文选项卡—"成组"面板—"编辑组"工具，进入组的编辑模型，如图 3-10-1 所示。

注意：观察选项栏或光标旁边的提示以保证准确选择模型组。

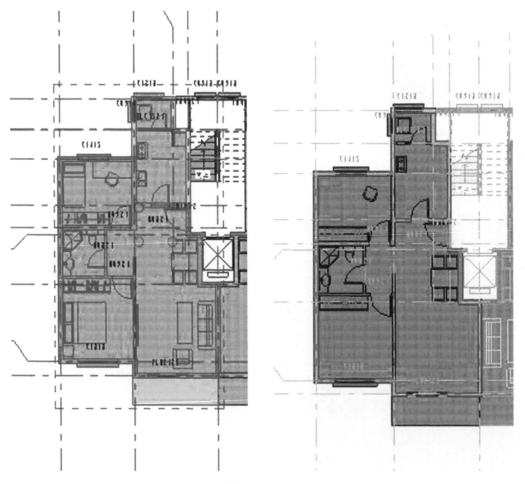

图 3-10-1

2. 光标放置在任意外墙上，按〈Tab〉键切换到整个轮廓后单击（图 3 - 10 - 2），选择所有外墙，单击"修改墙"上下文选项卡—"属性"面板—"属性"按钮，打开"属性"对话框，设置"顶部限制条件"为"直到标高：F11"并应用，观察三维视图，如图 3 - 10 - 3 所示。

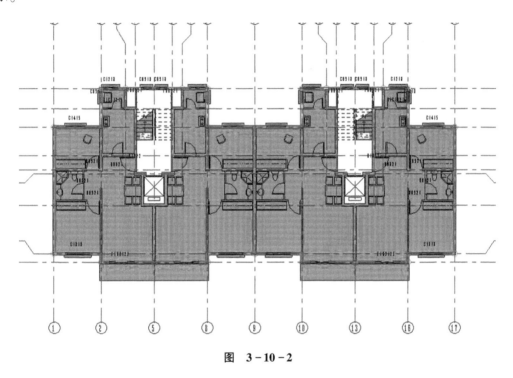

图　3 - 10 - 2

3. 切换到平面视图 F1，选择 4、6、12、14 轴和 4 ~ 6、12 ~ 14 轴如图 3 - 10 - 4 中的 4 面墙体，同样在墙体的"属性"对话框，设置"顶部限制条件"为"直到标高：F11"并确定。

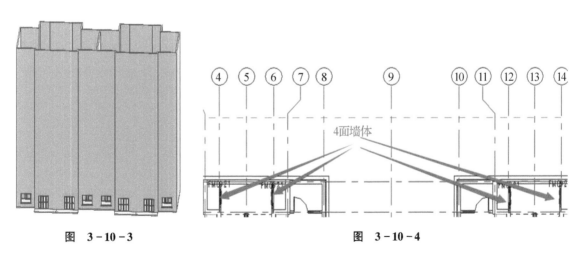

图　3 - 10 - 3　　　　　　　　　　　图　3 - 10 - 4

4. 从左上角到右下角框选图示构件，单击"选择多个"上下文选项卡—"过滤器"面板—"过滤器"，在弹出的"过滤器"对话框中单击"放弃全部"按钮，勾选"楼板""窗""窗标记""门""门标记"，并确定，如图 3 - 10 - 5 所示。

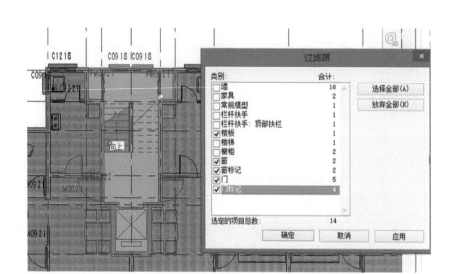

图 3－10－5

5. 选择以上构件单击"选择多个"上下文选项卡—"创建"面板—"创建组"工具，在弹出的"创建模型组合附着的详图组"对话框中输入模型组名称"楼梯间组-A"，附着的详图组名称"X-楼梯间"并确定完成组的创建，如图 3－10－6 所示。

6. 选择刚刚创建的楼梯间组-A，单击"剪切板"面板中的"复制"命令，单击"粘贴"下拉键中的"与选定的标高对齐"，然后确定，如图 3－10－7 所示。

7. 选择前面创建的户型-A 组，单击"剪贴板"面板中的"复制"命令，单击"粘贴"下拉键中的"与选定的标高对齐"，然后确定，三维视图如图 3－10－8 所示。

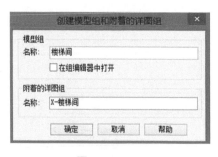

图 3－10－6

图 3－10－7

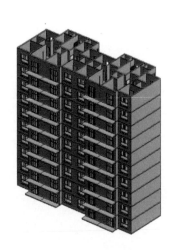

图 3－10－8

8. 单击"建筑"选项卡—"构建"面板—"墙"工具—"类型属性"按钮，在弹出的"类型属性"对话框中选择"WQ_200_剪"类型，单击"复制"，新建墙体"WQ_150＋（200）_剪"，对"类型属性"中的"结构"一项进行设置，勾选其衬底层"包络"选项，如图 3－10－9 所示。设置衬底层所选材质的表面填充图案为"砌体-砖"，确定完成（图 3－10－10）。

注意：包络是指墙体核心层以外的面层与核心层的链接方式。

9. 以"WQ_200 + 150 剪"为基础进行复制，重复上步操作，新建墙体"WQ_200 + 70_剪"，修改"类型属性"中的"结构"一项中衬底层厚度为70mm，并修改材质为"外饰—面砖1"，并对材质进行设置，确定完成，如图3-10-11所示。

图 3-10-9

图 3-10-10

层	外部边				
	功能	材质	厚度	包络	结构材质
1	结构 [1]	砖，普通，红…	70.0	☑	
2	核心边界	包络上层	0.0		
3	结构 [1]	钢筋混凝土	200.0		☑
4	核心边界	包络下层	0.0		

图 3-10-11

10. 单击"建筑"选项卡—"构建"面板—"墙"工具—"属性"按钮，在弹出的"属性"对话框中选择墙类型"叠层墙"为"1800 高瓷砖墙裙"，单击功能区"属性"—"类型属性"按钮，在弹出的"类型属性"面板中单击"复制"，新建墙体"WQ_剪_X6400"，设置其类型属性中的结构选项，如图3-10-12所示。

注意：叠层墙的结构设置是以基础墙为基础，不能单独对其进行构造层的修改，而是通过修改其中包含的基础墙的构造层来实现。

11. 进入 F1 平面视图，使用〈Tab〉键快速选择全部外墙，修改其图元类型为"WQ_剪_X6400"。同时，观察三维视图，如图3-10-13所示。

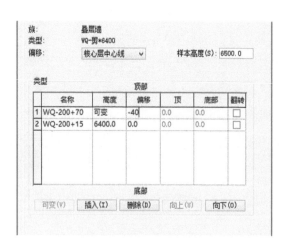

图 3－10－12

图 3－10－13

12. 选择模型组"户型-A"，单击"编辑组"进入组编辑界面，选择图中 4 个窗户，修改其实例属性中"底高度"为 600mm，单击"完成"，结束组编辑，如图 3－10－14 所示。

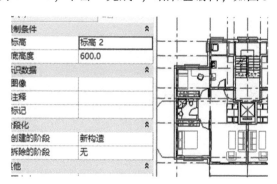

图 3－10－14

任务 11
创建阳台

视频：创建阳台1　　视频：创建阳台2　　视频：创建阳台3

1. 以墙体"WQ_ 200+150_ 剪"为基础进行复制，新建墙体"WQ_200+50_剪"，修改类型属性中的"结构"一项中衬底层厚度为50mm，并修改材质为"FA_保温—挤塑聚苯"，同时对材质进行设置，然后单击"确定"完成，如图 3-11-1 所示。

层		外部边			
	功能	材质	厚度	包络	结构材质
1	面层 1 [4]	隔热层/保温	50.0	☑	
2	核心边界	包络上层	0.0		
3	结构 [1]	钢筋混凝土	200.0		☑
4	核心边界	包络下层	0.0		

内部边

图 3-11-1

2. 在 F1 平面视图中，选择 A 轴上 2~8 轴及 10~16 轴处的两道外墙，修改其图元类型为"WQ_ 200+50 剪"，如图 3-11-2 所示。

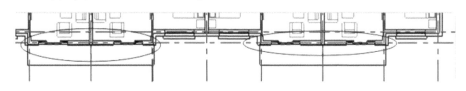

图 3-11-2

注意：在修改墙体类型时，需要特别注意需修改墙体的实例属性中"定位线"是否为"核心层中心线"，这样在墙体面层厚度改变的情况下，保证核心层中心位置不变。

3. 以墙体"WQ_200+50_剪"为基础进行复制，新建墙体"WQ_50+200+50_剪"，对类型属性中的"结构"一项进行设置，然后单击"确定"完成，如图 3-11-3 所示。

层		外部边			
	功能	材质	厚度	包络	结构材质
1	面层 1 [4]	隔热层/保温	50.0	☑	
2	核心边界	包络上层	0.0		
3	结构 [1]	钢筋混凝土	200.0		☑
4	核心边界	包络下层	0.0		
5	面层 2 [5]	隔热层/保温	50.0	☑	

内部边

图 3-11-3

4. 单击"建筑"选项卡—"构建"面板—"墙"工具,在类型选择器中选择"WQ_50+200+50_剪",设置其"高度"为"F11",在如图3-11-4所示位置绘制墙体。

图 3-11-4

5. 单击"建筑"选项卡—"构建"面板—"墙"工具,在类型选择器中选择"WQ_150+200_剪",修改其实例属性"基准限制条件"为"室外标高","底部偏移"为"0","顶部限制条件"为"F4","顶部偏移"为"600",确定完成后,在如图3-11-5所示位置绘制墙体。

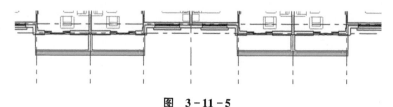

图 3-11-5

6. 在项目浏览器中选择F4平面视图,进入四层平面图,单击"建筑"选项卡—"构建"面板—"墙"工具,在类型选择器中选择"WQ_200+70_剪",修改其实例属性"基准限制条件"为"F4","底部偏移"为"600","顶部限制条件"为"F11","顶部偏移"为"0",确定完成后,在如图3-11-6所示位置绘制墙体。

7. 在"项目浏览器"中选择南立面,进入立面视图,选择步骤5中绘制的墙体,单击"修改墙"选项卡—"模式"面板—"编辑轮廓"工具,进入墙体轮廓的编辑界面,使用"直线"与"起点—终点—半径弧"绘制工具绘制图示两组蓝色闭合轮廓,单击"完成墙"结束绘制,如图3-11-7所示。

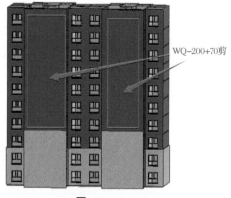

WQ-200+70剪

图 3-11-6

从左至右数值依次为700mm、1800mm、2900mm、1800mm、700mm。

从下至上数值依次为150mm、8150mm、600mm(圆弧高度)。

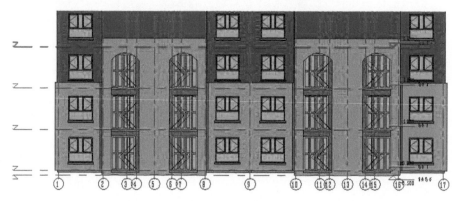

图 3-11-7

8. 同样选择步骤 6 中绘制的墙体，单击"修改墙"选项卡—"模式"面板—"编辑轮廓"工具，进入墙体轮廓的编辑界面，使用绘制工具与编辑工具绘制图示闭合轮廓，单击"完成墙"结束绘制，如图 3-11-8 所示。

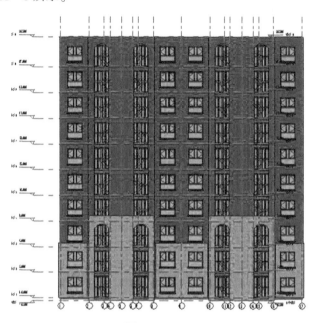

图 3-11-8

从左至右数值依次为 700mm、1800mm、2900mm、1800mm、700mm。

从下至上数值依次为 19500mm、600mm（圆弧高度）。

9. 完成后观察三维视图，如图 3-11-9 所示。

图 3-11-9

10. 单击"插入"选项卡—"从库中载入"面板—"载入族"工具，在弹出的"载入族"对话框中选择"案例所需文件"文件夹中提供的族文件"栏杆 a. rfa"（按键盘上〈Ctrl〉键可多选，一次载入多个族文件），并单击右下角"打开"按钮，如图 3 - 11 - 10 所示。

图　3 - 11 - 10

11. 进入 F5 平面视图，单击"建筑"选项卡—"楼梯坡道"面板—"栏杆扶手"工具，进入扶手绘制界面，单击"属性"选项板中的"编辑类型"按钮，复制新建扶手类型"铁艺扶手 A"，修改类型属性中"栏杆偏移"为 0，编辑"扶手结构"，按图 3 - 11 - 11 所示内容在当前视图中设置，完成后，进行"栏杆位置"的编辑，在对话框中进行设置，确定完成"栏杆-A"的设置，如图 3 - 11 - 11 所示。

扶栏

	名称	高度	偏移	轮廓	材质
1	扶栏 1	1100.0	0.0	圆形扶手：40mm	<按类别>
2	扶栏 2	150.0	0.0	圆形扶手：30mm	<按类别>

图　3 - 11 - 11

12. 在扶手绘制界面下，使用"直线"绘制命令，在图示位置完成扶手路径的绘制，单击"完成扶手"；复制此扶手到当前层的其余三个户型的相同位置，观察三维视图，如图 3 - 11 - 12 所示。

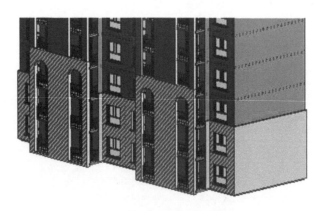

图　3 - 11 - 12

任务 12
屋顶设计

1. 单击"建筑"选项卡—"构建"面板—"屋顶"工具下的三角符号，在下拉菜单中选择"迹线屋顶"，进入屋顶轮廓的绘制界面，在"绘制"栏中选择"拾取墙"命令（图 3-12-1），勾选"定义坡度"，顺次选择外墙的外边界，完成后，通过"对齐外墙边缘"及"修剪"命令最终得到屋顶的闭合轮廓；接着在"属性"选项卡—"尺寸标注"下，定义坡度为30°，最后在"模式"面板单击"完成编辑模式"，如图 3-12-2 所示。

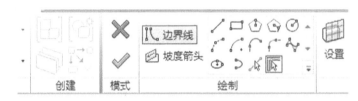

图　3-12-1

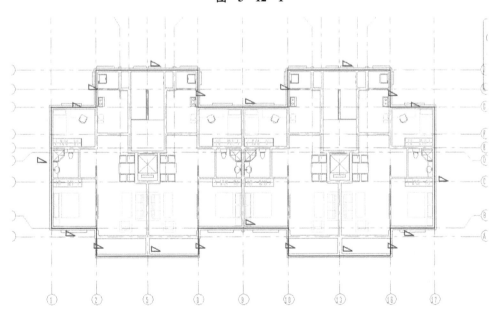

图　3-12-2

注意： 如果将屋顶线设置为"坡度定义线"，◣符号就会出现在其上方。可以选择

"坡度定义线"，编辑蓝色坡度参数值，来设置坡度。如果尚未定义任何坡度定义线，则屋顶是平的。常规的单坡、双坡、四坡、多坡屋顶，都可以使用该方法快速创建。

2. 进入 F10 平面视图，逐个选择当前视图的全部墙体，在选中情况下，在"项目浏览器"中进入 F11 平面视图，单击"修改墙"面板中的"附着"工具，然后选择屋顶，完成墙体与屋顶的连接，如图 3 - 12 - 3 所示。

图　3 - 12 - 3

任务 13

创建入口

视频：入口设计 1

视频：入口设计 2

视频：入口设计 3

1. 进入北立面图，按〈Ctrl〉键选择图3-13-1所示8组窗子，按〈Delele〉键删除选中的8组窗。

2. 单击"建筑"选项卡—"构建"面板—"墙"工具—选择玻璃幕墙"类型属性"，把幕墙的"自动嵌入"命令打开，单击F1楼层平面，在J轴4~6、12~14之间绘制，调节顶部偏移为标高2，选中幕墙添加相应的竖挺、幕墙双开门，如图3-13-2所示。

图 3-13-1

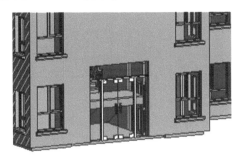

图 3-13-2

3. 单击"建筑"选项卡—"构建"面板—"墙"工具—选择"WQ-200+70剪"墙体，开始绘制（图3-13-3），在3、7、11、15轴距离都为2700mm，顶部约束至标高3，顶部偏移800mm。

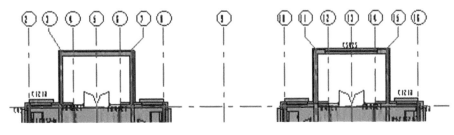

图 3-13-3

4. 单击"常用"选项卡—"构建"面板—"窗"工具—"类型属性"，新建窗类型为塑钢窗C3023，设置其高度为2300mm、宽度为3000mm，完成后，设置其属性，按如图3-13-4所示位置进行放置，修改底高度为100mm，选择放置好的窗，单击剪贴板中的

"复制"按钮，单击"粘贴"下拉菜单中的"与选定的标高对齐"，在弹出的对话框中选择 F2，确定完成（图 3-13-5）。

图 3-13-4

图 3-13-5

5. 单击进入北立面图，删除选中的 2 扇窗户，如图 3-13-6 所示。

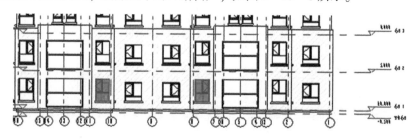

图 3-13-6

6. 单击"插入"选项卡—"从库中载入"面板—"载入族"按钮，选择"案例所需文件"中的"QB_双开门.rfa"文件，单击"打开"将其载入项目，回到楼层平面 F1，选择图示位置放置门（图 3-13-7）。

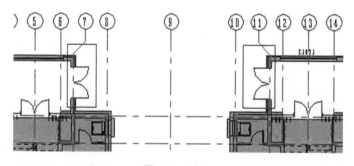

图 3-13-7

7. 在"项目浏览器"中，选择"楼层平面 F3"，单击"建筑"选项卡—"构建"面板—"屋顶"工具，在其下拉菜单中选择"迹线屋顶"，进入屋顶轮廓的绘制界面，单击"属性"，在"属性"对话框中单击"编辑类型"，新建屋顶类型"WD_150+50"，按图 3-13-8 所示内容设置其结构，完成后，修改"基准与标高的偏移"为 380mm，确定完成设置，绘制闭合轮廓，选择轮廓，取消其"定义坡度"的选项，单击"完成屋顶"（图 3-13-9）。

	功能	材质	厚度	包络	可变
1	面层 1 [4]	防潮层	50.0	☐	☐
2	核心边界	包络上层	0.0		
3	结构 [1]	钢筋混凝土	150.0	☐	☐
4	核心边界	包络下层	0.0		

图 3-13-8

图 3-13-9

注意: 楼板实例属性中的"相对标高"控制的是楼板上表面与基准面的偏移量,而屋顶实例属性中的"基准与标高的偏移"控制的是屋顶下表面与基准面的偏移量。

8. 单击"建筑"选项卡—"构建"面板—"楼板"工具,复制并命名为"入口楼板",编辑其结构为150mm厚钢筋混凝土,设置底部约束为标高1;单击"应用"完成设置。然后绘制闭合轮廓线,完成后单击"完成编辑模式",完成轮廓编辑(图3-13-10)。

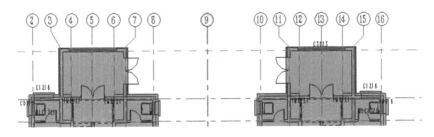

图 3-13-10

9. 单击"建筑"选项卡—"构建"面板—"楼板"工具,复制并命名"坡道楼板",编辑其结构为300mm厚混凝土,绘制4300×1700闭合轮廓线(图3-13-11),底部约束为标高1,完成绘制。

10. 添加室外楼梯,同新建项目样板类似,新建"族"样板,绘制如图3-13-12所示,绘制完成后保存,并载入当前项目中,单击"建筑"选项卡—"构建"面板—"楼板"工具,选择"楼板边"命令—"编辑类型"—轮廓修改为"室外楼梯",单击确定,选择楼板上边缘绘制,切换三维视图如图3-13-13所示。

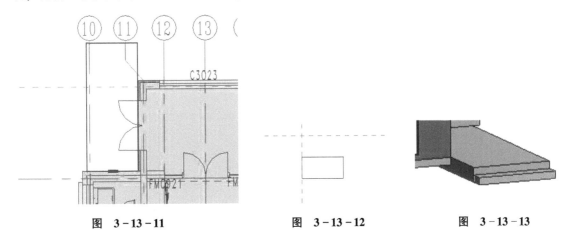

图 3-13-11   图 3-13-12   图 3-13-13

11. 单击"建筑"选项卡—"楼梯坡道"面板—"坡道"工具，进入坡道的绘制界面，单击"工具"面板—"扶手类型"工具，在弹出对话框中选择"圆管扶手"，确定完成。单击"属性"，在弹出的"属性"选项卡中单击"编辑类型"，修改"类型属性"中坡道最大坡度为12，类型为实体，确定完成后，修改"实例属性"中基准标高为室外标高，顶部标高为F1，设置其宽度为1300mm，单击"应用"完成设置，绘制梯段，单击"完成编辑模式"完成绘制（图3-13-14）。

12. 为室外楼板添加扶手，单击"建筑"选项卡—"楼梯坡道"面板—"栏杆扶手"工具，选择在主体上绘制，"编辑类型"选择900mm圆管，绘制如图3-13-15所示。

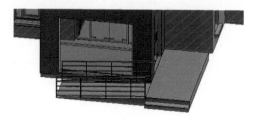

图 3-13-14

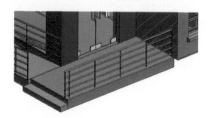

图 3-13-15

13. 利用"镜像"绘制另一侧，点开三维视图观察，如图3-13-16所示。

图 3-13-16

任务 14

饰条装饰

1. 单击左上角图标，选择"新建"—"族"按钮，在弹出的选择框中选择"公制轮廓—主体.rft"文件（如图 3-14-1 所示），单击打开，进入轮廓族的设计界面。

图 3-14-1

2. 在打开的族文件中，通过直线命令，绘制如图 3-14-2 所示闭合轮廓。完成后，保存为族文件"装饰条"，然后单击"载入到项目中"，将其直接载入项目"住宅高层"中。

3. 回到项目"住宅高层"，进入三维视图，单击"建筑"选项卡—"构建"面板—"墙"按钮下方的三角符号，在下拉菜单中选择"墙饰条"命令，单击类型属性，新建墙饰条类型"线脚 A"，设置其轮廓为"装饰条"，材质为"FA_ 外饰—金属油漆面层—象牙白，粗面"，单击"确定"完成定制（图 3-14-3）。

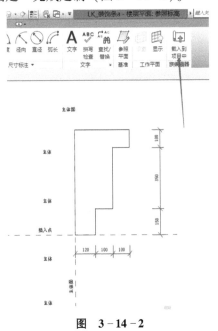

图 3-14-2

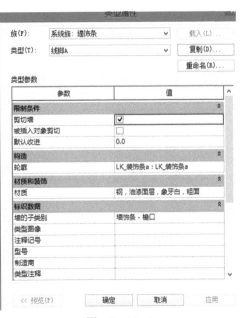

图 3-14-3

4. 在"墙饰条"命令激活的状态下，顺次选择除单元门厅与阳台位置外的其他外墙，接着顺序选择单元门厅外墙、两道阳台外墙，单击〈Esc〉键结束墙饰条绘制，绘制效果如图3-14-4、图3-14-5所示。

图 3-14-4

图 3-14-5

5. 同上述步骤，以"公制轮廓—主体.rft"为模板新建轮廓族，在打开的族文件中，通过直线命令，绘制闭合轮廓，完成后，保存为族文件"LK_檐口a"，然后单击"载入到项目中"，将其直接载入项目"住宅高层"（图3-14-6）。

6. 回到项目"住宅高层"，进入三维视图，单击"建筑"选项卡—"构建"面板—"屋顶"工具下方的三角符号，在下拉菜单中选择"檐槽"命令，单击"类型属性"，新建墙饰条类型"屋檐A"，设置其轮廓为"LK_檐口a"，材质为"FA_外饰—金属油漆涂层—象牙白，粗面"，单击"确定"完成定制（图3-14-7）。

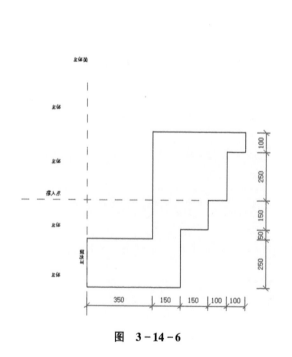

图 3-14-6

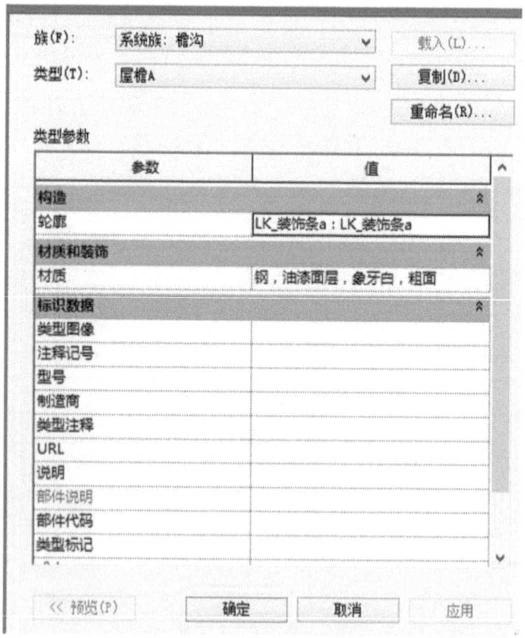

图 3-14-7

7. 在"檐沟"命令激活的状态下，顺序单击屋顶边缘，完成后，单击〈Esc〉键结束檐沟绘制（图3-14-8）。

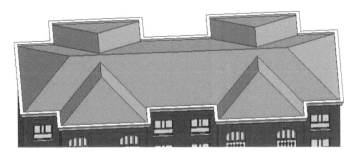

图 3-14-8

整体模型如图3-14-9所示。

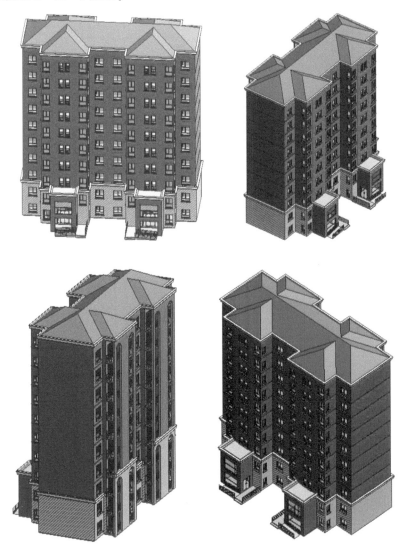

图 3-14-9